五大關鍵數字力

林明樟（MJ老師）——著

不懂財報，也能輕鬆選出

賺錢績優股

不管是菜籃族或K線派，一小時就能搞定投資選股

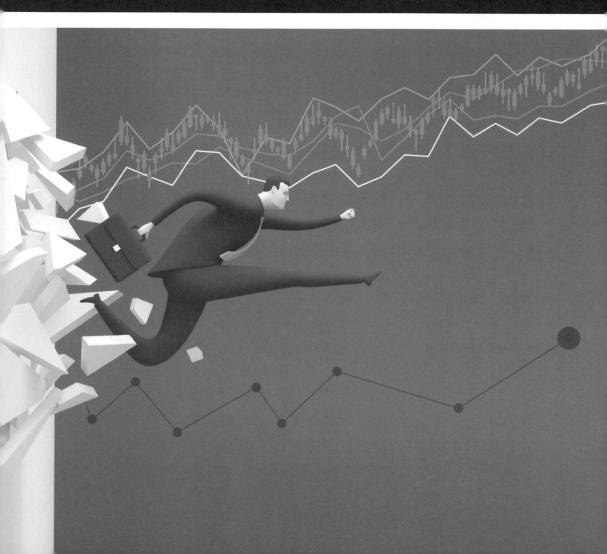

謹以這本書獻給我最敬愛的家人，

我的父母：侯金枝女士與林榮貴先生

我的岳父母：彭寶桂女士與林金波先生

我最親愛的家人：老婆Singing與兒女Willie、Sonia

Chapter 1 財務報表的源由與三大立體觀念 _____ 015

財務報表確實不是萬靈丹，但是它能夠幫助您迅速判斷一家公司的好壞與體質狀況。以「中翻中」的方式解讀，便能完全消除您對財務報表的恐懼感。

Chapter 2 從現金流量破解公司的存活能力 _____ 047

現金流量＝比氣長，越長越好。

投資股票一定要優先選出氣長的公司，避開任何在裸泳的爛公司，現金在手才能比氣長。如果投資的公司有可能倒閉，其他都不重要了。

Chapter 3 從經營能力破解公司做生意真本事 _____ 081

經營能力＝翻桌率，越高越好。

以「做生意的完整週期」概念，綜合多項關鍵數字，瞭解公司的經營能力，判斷它在景氣循環過程中，是否有良好經營的能耐。

【推薦序】

內外兼修，達成人生財務自由

「財務報表雖然都是中文，但卻還是看不懂，怎麼辦？」

「報表上的數字密密麻麻，不知道從哪邊閱讀起？」

「不是看損益表，知道賺錢或虧錢就夠了嗎？幹嘛還要看其他表呢？」

相信正在看這頁的您，對於財務報表可能也有類似的困惑。您明明知道財務報表很重要，它是一家公司經營的成績單，不論是公司內部人、外部投資者、菜籃族或是債權人，都應該好好閱讀財務報表，但因為上述困惑無法解決，您最後還是半途而廢，將財務報表束之高閣。

不瞞您說，會計系畢業的我，也曾跟您一樣。我過去所受的訓練，主要是讓我學會如何記帳、如何編製財務報表，以及如何計算出各種財務比率。但知道怎麼編、怎麼算，跟有能力解讀財務報表與財務比率，能劃上等號嗎？我個人認為不能。這就好像我會計算一堆經濟數據，但我能因此對未來的景氣做出正確預判嗎？相信您的心中，已經有了答案。

在《不懂財報，也能輕鬆選出賺錢績優股》這本書中，明樟老師

（MJ）跳脫坊間一般書籍的傳統作法（透過教導大家「借貸法則」等記帳原理，希望大家學會記帳之後，就能自然而然學會解讀財報），而是融合其多年來的多元工作歷練與創業經驗，用口語化、生活化的方式來幫大家「中翻中」，把財報上明明是中文卻看不懂的東西，用大家都能理解的生活常識解釋給大家聽。

　　舉例來說，什麼是「毛利率」？中翻中就叫做「這是不是一門好生意？」毛利越高，代表這真是一門好生意；毛利越低，代表這是一門艱困的生意；如果毛利是負的，那就代表真是一門爛生意。另外，我們常聽到的「週轉率」又是什麼概念呢？其實「週轉率」可以用大家耳熟能詳的「翻桌率」來想像，當一家餐廳的翻桌率越高，就代表越會做生意。同理，如果一家公司的週轉率越高，就代表這家公司越會做生意，也就是經營能力較好的意思。

　　此外，許多人在學完財務報表與財務比率後，往往在實際運用時，都會發生閱讀時瞻前顧後（每個數字都看），最後卻顧此失彼（不知道數字的閱讀順序與重要性程度）的情況。於是乎，學了那麼多，需要的時候還是派不上用場。

　　MJ在本書中，將他經過20多年的股市實戰經驗所淬煉出來的財務報表閱讀順序，完完整整地分享給大家，並透過實際案例，將閱讀順序化為具體可遵循的SOP，帶著大家一步一步演練。只要您看得懂中文，

又會加減乘除，保證學得會。我只能說，大家真的有福了，您的財報功力絕對可以大增好幾年。

正確的理財觀念是理財成功的催化劑，就如同武俠小說裡的一流劍客，除了要有高超的劍術，更要有深厚的內力輔助，才能成為高手高手高高手。擁有多次創業成功與失敗經驗的MJ，在本書中也將他職業生涯上上下下好幾回所體悟出來的理財觀念，不藏私地與大家分享，希望大家能夠內外兼修，提早達成人生財務自由的目標。

如果您跟我一樣，都曾經浮現過本文開頭提到的幾個疑惑，我誠心推薦這本《不懂財報，也能輕鬆選出賺錢績優股》，絕對值得一讀，真心不騙！

嘉威聯合會計師事務所執業會計師 蔡佳峻

【推薦序】
用數字力，
築起你人生城堡的護城河

我週間在中部診所擔任醫師，週末北上擔任講師。人稱樟哥的林明樟老師是我在講師界的前輩，他毫無架子，亦師亦友，無論我在教學法還是教具設計上有問題，他知無不言。

樟哥的超級數字力跟頂級TTT教具課程，都是經典課程中的經典。

我參與樟哥幾堂數字力課程都相隔數月，樟哥資深至此，仍不斷優化自己的拿手課程，歷屆學員課後建議，他自有一套傾聽、吸納、優化三部曲，他電力永遠飽滿，但也永遠在充電，充電的形式可能是持續閱讀、同行切磋，也可能是登山游泳，樟哥永遠把自己的身心維持在游刃有餘的狀態。

以醫師而言，不看病幾乎毫無收入。多年前某雜誌曾報導一位主治醫師因為手受傷而停診，由於他服務的醫院採取零底薪制，月底竟然只領了四百塊新台幣。我們必須在自己老化或意外失能前就做好資產配置，最好能擁有一份被動收入以養活自己，譬如持有好公司的股票，每年就有現金股息匯到你戶頭。什麼叫好公司呢？樟哥告訴我們，其中一

項就是具備「長期穩定獲利能力」。

我們連看一部電影都會查影評，捨不得花錯兩、三百塊，但買股票時往往沒看懂公司財報，就跟風亂買，然後落得股票變壁紙，跟著指天罵地，其實於事無補。

看樟哥的書，學著看懂財報，不要把辛苦賺來的錢投資在體質不佳的公司。

看懂樟哥的書，你會得知什麼時候投資標的悄悄亮起黃燈，這時候該即時拋售，保住老本。

熟讀本書，換顆腦袋，及早用數字力，築起你人生城堡的護城河。

部落客醫師暨TED x Taipei講者 楊斯棓

為了支持無核家園理念演講足跡遍佈全台超過120場，
還飄洋過海到香港、美國西岸演講

【推薦序】
務實投資，不當賭神

第一次上完林明樟老師的財務報表課程，老師曾說我們會增加五年功力。但我覺得是自己虛晃了過去的十年，沒學到真正的財報解讀。

原來我以為的財報，不是真正的財報。損益表的損益，不代表是真正的賺錢；資產與負債的關係，也變得有意義。林明樟老師真的讓每一個指標、每一個科目，開始看起來有了生命力，財報開始跟你說故事，跟你講這家公司的真實狀況。

原本我像是一個不懂美食的食客，只知其型，不知其妙；只知其味，不知其深。但林明樟老師讓我們發現，原來財報一直在我們身邊，而且跟我們說，原來我們本來就懂它。

除了損益表與資產負債表，公司的現金流量，就如同人體的血液，輸送著各式樣養分到全身各處。林明樟老師讓我開始發現，它不僅僅是一張財務報表，而是讓公司可以健康活下去的關鍵報告，也開始重新審視公司自身的健康狀況，以動態的方式來使用各式報表。原本很辛苦的資金調度，其實只要調整存貨、收付款條件、提高翻桌率等等，現金變成新陳代謝良好的血液，持續帶來各種養分，讓公司活得更健康。

　　把同樣的解讀放到了投資理財中，可以發現要從各公司的即時運營的報表中，找到活得最健康的公司，做出真正的投資，而非聽從小道消息的賭博。如同我們常聽到的：「投資一定有賺有賠，申購前要詳閱公開說明書。」財報就是一家公司的公開說明書。健檢報告已經說癌症末期，難道還要聽鐵口直斷的分析師，說臉色（線型）看起來還不錯，可以進場了？

　　從現金與流動現金比率、現金流量、經營能力等指標，人人都可快速評斷一家公司的健康程度，動態即時發現投資標的的狀況，讓自己不會跳入陷阱，也不會繼續持有不健康標的。書中帶給大家的觀點，絕非是難以理解的指數。林明樟老師獨創的「中翻中」技巧，讓每個人都發現原來自己就是公司健康的分析師。

　　只要有心，人人都可以是食神，但不會人人都是賭神。讀這本書，讓投資真的是一筆好投資，而不是賭身家。

安口食品機械總經理 歐陽志成

【推薦序】
濃縮精華，投資力茅塞頓開

　　說實在的，我覺得自己念完中文系、當了國文老師之後，應該再也不需要看財務報表。但好多朋友知道我熱衷教學，紛紛推坑我一定要到MJ老師的課堂上課，不然肯定會抱憾終生。尤其財務報表艱澀難懂，還能教得大家都懂，這讓身為老師的我十分神往，想要一探究竟。我很想跟MJ老師學習如何規劃課程、如何運課、如何製作教具幫助學員進入狀況；舉凡與課堂有關的，我都想學。

　　我就這麼展開我成年後的第一堂財會課。一開始上課看到損益表、資產負債表跟現金流量表三大報表，我頓時覺得整間教室空氣不好，搞得我頭昏腦脹。不過，這也還好，反正我志不在學財務報表，況且老師從頭到尾也一再重複地說：「早上聽不懂沒關係，下午就懂了。」

　　我在心裡嘀咕：「別人可能下午就懂了，但我很難學會吧。」

　　整個上午我確實很認真，也確實不太能進入狀況。也不知怎麼著，當老師開始用「這是不是一門好生意」、「有沒有賺錢的真本事」的口訣幫助記憶，又不停透過簡報複習已知的觀念，把生硬的財會名詞以生活化的實例詮釋，這就是老師所謂的「中翻中」。

茅塞頓開的我覺得不可思議，若沒有多年的歷練，應該無法達到這般功力，尤其是讓像我這樣的門外漢也能聽懂。這也讓我體悟到課堂的「中翻中」何其重要，關鍵不是要標榜老師多有學問，而是學生能學到多少。

「如果你是財務長，你會投資哪一家？」

最後透過老師實際案例的分析，證明我真的看得懂財報了。一如老師早上所言：「早上聽不懂沒關係，下午就懂了。」課堂結束時，我們這一組得到了冠軍隊的旗幟，一點也沒有違和感。我只能說，MJ老師果真是財務名師，課後附送的「獨孤九劍」精緻複習卡，更讓老師就像在我身邊，可以隨時複習呢。

所以，如果您沒有機會親自參加MJ老師的課程，建議您千萬不要錯過這本濃縮了課程精華內容的好書《不懂財報，也能輕鬆選出賺錢績優股》。誠摯推薦給您。

萬芳高中老師暨TED x Taipei講者 余懷瑾

財務報表的源由
與三大立體觀念

　　恭喜您拿起了這本書，這是一本教您如何在個人理財投資時閱讀財務報表的工具書。

　　個人投資理財有很多工具可供選擇，包含定存、債券、股票、期貨、選擇權、外幣、原物料……等等。其中，成功率最高的當屬股票，因為我身邊已經有很多朋友透過長期、理性的股票投資，提早達成人生的財務自由目標。

　　巴菲特在自傳《股神巴菲特的神諭》接受訪問時，曾被問到：「您對股票的前景這麼悲觀，為什麼還持有這麼多股票？」

　　巴菲特的回應是：「一部分是習慣使然，另一部分是因為股票代表事業，而擁有事業比擁有黃金或農地有意思多了。此外，在高通膨時代，所有投資選項中，股票可能還是最理想的──只要買進時的價格夠低，這一點就能成立。」

　　這本書將教您如何透過財務報表選出值得投資的好公司，運用財務報表就能夠判斷出一家公司的好壞。台灣的投資大眾已經具備相當深厚的理財知識，卻沒有閱讀財務報表的習慣，這就好像入寶山空手而回，非常可惜。

　　我個人也常常在上市櫃公司講授「財務報表閱讀技巧」的內訓課程，並在結尾時與學員分享一個重要觀念：當我們想買一隻兩萬多元的iPhone時，會花好幾個小時在網路上比價；但在個人投資理財時，買股

票隨便一出手就是二、三十萬，卻不願意花十分鐘閱讀一下財務報表，實在可惜。

財務報表確實不是萬靈丹，但是它能夠幫助您迅速判斷一家公司的好壞與體質狀況，讓您在個人投資理財的時候，少走一些彎路，少花一點冤枉的學習費用。

投資股票就像是買水果

我們可以把投資股票想像成到菜市場買水果。技術分析學派的朋友們，喜歡看到水果攤的技術線圖（如圖表1-1），然後告訴您A點是起漲點、B點是轉折點、C點是高點、D點是賣點……等等。

但技術線圖沒有告訴您的是：這四個點的水果都不甜，有些已經放了很久不新鮮，有些水果的內部已經腐爛了。

為了避免買到爛水果（也就是爛公司），財務報表是一個協助您判斷的好方法。閱讀財務報表就像是近身觀察水果。為了買到品質好的水果，我們可能需要把水果拿起來。聞一聞、看一下色澤、感覺一下水果的重量……等等。

圖表 1-1 水果攤的技術線圖，無法判斷水果本質好壞

　　透過這些簡單的方式，家庭主婦通常能為家人買到好吃又新鮮的水果。雖然她們不是專業的營養師，不能馬上分析出某種水果到底有哪些營養成份（維生素C、維生素A、果酸、葉黃素……等等），但是只要透過簡單的選擇方式，就能為家人帶來甜美營養的飯後水果。

　　閱讀財報，就像是家庭主婦在水果攤選水果，沒有什麼神秘的技巧，只要您看得懂中文會簡單的加減乘除，就能輕鬆的看懂財務報表。財報的神秘感來自於財經界的朋友，把財報說得太專業、太複雜，如此

金融業才能維持他們專業地位。

　　這是一本實用的財務報表工具書，希望能幫助您快速判斷一家上市公司的好壞。巴菲特有一句他常說的名言：

投資人需要避免追買熱門股、爛公司，也不要預測股市高低點。

　　懂得閱讀財務報表，就能讓您遠離「爛公司」，避免您辛苦存下來的錢血本無歸。希望這本書可以讓您享受閱讀財務報表的樂趣。

六大基本理財觀念

　　這本書主要是與大家分享如何透過閱讀財務報表，進行正確的投資理財規劃。但在閱讀財務報表之前，我想與大家分享一些基本但是很重要的理財觀念。

1. 投資理財前應該先做的兩件事：存錢與買一些基本的保險。

　　尤其是想投資理財的年輕朋友更該這麼做，因為在我們人生中的不

同階段，通常還沒有足夠的資金與技巧。這時您的當務之急應該是：

A. 適當的節省開支，存下您的理財第一桶金。

B. 購買一些基本的保險，借力使力，確保未來身體發生狀況時，您還有
一定的理賠金額，可以幫您度過生活上的難關。

2. 不要投資任何沒有生產力的資產。

外匯、期貨、選擇權、原物料（金銀銅鐵與石油等）都屬於此類，
因為這些產品都提供您以高槓桿的方式來投資。說穿了，這些工具就好
像去澳門賭場賭博一樣。理財不是賭博，這一點請您務必想清楚。

3. 盡量不要買任何投資型的保單。

想像一下，您想買一輛車。因為您常常帶家人上山下海環島體驗
生活，所以您希望這輛車能有四輪驅動；考慮到台灣的治安不太好，最
好也能防彈防爆。如果遇到車禍時，它還能像蝙蝠俠的座車，即使車輛
被撞得扭曲變形，只要按個按鈕，車子便會自動打開，讓您快速逃離現
場，那就更完美了。

可是，為了擁有這一輛夢幻級車輛，這輛車可能要價超過1000萬，
已經不是一般人能負擔得起。

同樣的道理，保險就是保險，叫做以小搏大、借力使力，在有限的資源情況下，最大限度幫我們控管人生的風險。現在您的期待是：

保險＋投資功能＋分紅功能＝投資型保單

這個期待是不是很像：

一輛基本的休旅車＋上四輪傳動＋防爆防彈的功能

＝一輛很貴、很貴的車

4. 投資的錢絕對不能與生活所需的基本開銷混在一起。

全世界最聰明的人之一，前美國聯準會主席格林斯班非常清楚這一點。他曾說過：「最好是您未來三到五年不會用到的錢，才投資到股市。」

因為景氣有波動，股價有高低，如果您將生活費也投入股市，一旦面臨股價波動，常常會陷入追高殺低的失敗循環。

5. 配合您的人生階段，隨著年紀增長，您所能接受的風險應該越來越低。

換句話說，年紀越大，您應該少碰賭博性質高的理財產品，例如原物料、外匯、黃金、白銀、期貨、選擇權……等等。

還記得2008年讓全世界損失超過5兆美元的連動債事件嗎？

還記得2016年讓台灣中小企業虧損超過3700家、2000億新台幣的TRF（目標可贖回遠期契約）事件嗎？

購買這些商品的過程中，投資者一定有嚐到甜頭，才會越陷越深，投入金額越來越大，最後成為一場大悲劇。

請永遠記得：任何金融商品只要提供您高度槓桿的操作便利性，本質上就像賭博一樣。就像1987年的我，因為年輕無知，過度使用槓桿，誤入歧途向地下錢莊借了一筆巨額負債，為了躲債，最後只能休學逃避現實。

金融市場的金童玉女，每隔幾年就會弄出大事情。故事的情節或許不同，但人性的本質都是相同：貪婪。所以，金融世界的歷史會不斷地重演再重演，也創造多次讓我們致富再致富的機會。

6. 善用時間的力量。

愛因斯坦曾說：複利是世界第八大奇蹟。

複利威力的有多大？如果拿一張厚度0.5釐米的紙，當我們把紙對摺之後，對摺一次的紙張厚度是1釐米厚，對摺兩次是2釐米厚，對摺三次是4釐米厚。

那麼，如果能對摺100次，這張紙的厚度是100公尺？300公尺？答案是：比太陽還遠、還厚。

- 對摺20次＝104公尺
- 對摺30次＝107公里
- 對摺39次＝繞地球一週
- 對摺42次＝上了月球
- 對摺51次＝到了太陽
- 對摺82次＝剛好穿過銀河系
- 對摺100次＝134億光年

這就是複利的時間威力。只要慎選好公司，然後透過長期的投資，人生理財就能夢想成真。

正確的選股邏輯

有了這些正確的理財觀念之後，接下來就是選股的邏輯了。其中最重要的第一步，就是如何判斷一家公司的好壞。在這個最重要的步驟中，財務報表就是一個綜合判斷的最佳工具。

圖表 1-2 選股的邏輯

1.如何判斷**好**與**壞**？
2.如何選擇**好**與**好**？
3.建立口袋名單（好公司名單）。
4.定期定額退休金規劃。
5.資產配置技巧。

　　用最通俗的說法，財務報表就是一家公司營運的成績單。其中跟股市投資最重要的三張報表分別是：

1. **損益表**：告訴您這家公司是賺錢還是虧錢的報表。

2. **資產負債表**：告訴您這家公司在做這門生意時，擁有哪些資產、借了哪些負債，以及股東出資了多少錢等資訊。

3. **現金流量表**：讓您了解一家公司是否有能力把獲利（公司賣出去的商品，不一定都能成功收到貨款，有時會遇到客戶經營不善倒閉或是惡意積欠貨款等事情）轉換成現金流回公司，提供公司持續成長所需的動能。

　　這三張報表就是最基本的財務報表，而且要如圖表1-3擺在一起

看，才能看出一家公司整體的面貌（營運的成績單）。尤其是上市櫃公司的財務報表，都必須符合一般公認會計原則以及證管會的相關法規規定，再加上有合格會計師的查核簽證，所以上市櫃公司的財務報表可信度相當高。

　　雖然財務報表不是完美的萬靈丹，但只要仔細研讀，就能看出一家公司的大致經營面貌。

　　曾有財經記者在訪問巴菲特時問道：「請問股神，您如何做投資判斷？」

圖表 1-3　三張財務報表必須擺在一起看

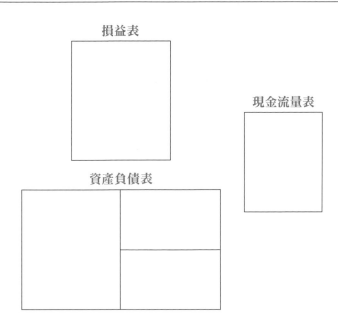

損益表

現金流量表

資產負債表

巴菲特回答說：「我們讀資料（財務報表等資料），就這樣。」

不過，巴菲特閱讀財務報表的習慣與大家不同，他喜歡一次看一家公司五年以上的財務報表，因為財務報表不是完美的文件，但當我們把時間拉長，以五年的長期資料來閱讀，這個時候公司的營運成績單（財務報表）就「真的假不了，假的真不了」。

所以當您閱讀一家公司的財務報表時，請一次看最近五年的資料。再者，透過長期五年的觀察，也才能看出一家公司是否具備巴菲特最想要的「長期穩定獲利能力」。

這個章節的重點就是：如果您完全沒有財務背景，閱讀財務報表只是想讓自己的投資選股更正確，那麼請先學會底下介紹的財務報表立體模型就夠用了。

解讀財務報表立體模型

請參見圖表1-4，上方第一張報表叫做「損益表」，告訴我們一家公司一個月（或是一季／半年／一年）到底做了多少營收？公司每個月的成本是多少？每個月的管銷費用是多少（您可以把一家公司的「管銷費用」想像成一個人每個月的「食衣住行育樂等費用」，其實這些觀念

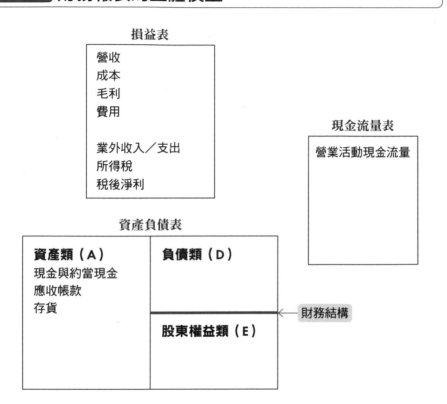

圖表 1-4 財務報表的立體模型

損益表

營收
成本
毛利
費用

業外收入／支出
所得稅
稅後淨利

現金流量表

營業活動現金流量

資產負債表

資產類（A） 現金與約當現金 應收帳款 存貨	負債類（D）
	股東權益類（E）

◀ 財務結構

是相通的）？然後扣掉業外收入與支出以及所得稅之後，這個月到底幫股東賺了多少稅後淨利？

下方的報表叫做「資產負債表」，通常左邊放的是資產相關類別的會計科目，右上角放的是負債類的會計科目、右下角放的是跟股東相關的股東權益類科目。

這張報表左邊的總數與右邊的總數一定會相等，所以是一張左右平衡（balance）的報表（sheet）。也因此，資產負債表的英文叫做balance sheet，亦即：

左邊＝右邊

資產＝負債＋股東權益

如果用英文來表示，則會變成：

Asset＝Debt＋Equity

簡稱為　**A＝D＋E**

右邊第三張財務報表叫做「現金流量表」，這張報表主要的功能是讓我們了解一家公司帳面上所賺的錢（損益表），最後是不是轉變成真正的現金回到公司為公司所用。

以上，就是財務報表的基礎立體觀念。

●財務槓桿的觀念

在進一步介紹更多財務報表知識之前，我想特別介紹「財務槓桿」這個觀念。「財務槓桿」就是剛才您在圖表1-4「財務報表的立體模型」看到的那根紅色棒子。

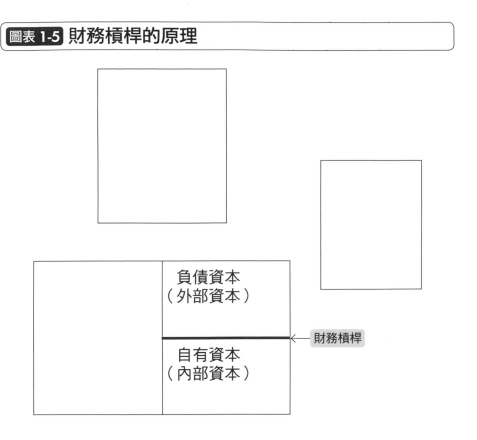

圖表 1-5 財務槓桿的原理

如圖表1-5，在棒子上面，是外面欠人家的錢（負債）；棒子的下方，則是股東出資的錢（股東權益）。

所以財務的專業名詞才會說，負債的資金來源叫「外部資本」或「負債資本」，股東出資的錢就叫「自有資本」或「內部資本」。

　　請您猜猜看，是財務槓桿（棒子）上方的負債資本比較便宜，還是下方的自有資金成本比較便宜？

　　答案是，負債資本比較便宜，因為一家正常的公司跟銀行借錢時，資金成本大約在2％左右；但是當您成為一家公司的股東，投資資金進去之後，您會希望能獲得更高的報酬率或是股息，例如10％以上，您才會想要投資，對嗎？

　　所以外部的資金成本比較低，內部的資金成本反而比較貴，跟一般人認為內部資金（股東出的錢）是零成本的概念正好相反。

　　如果一家經營超過五年有正常獲利的公司，公司的財務結構（那根棒子）通常會往上移（如圖表1-6），代表股東出資越來越多，對外的負債越來越少。為什麼好的公司通常都有這個共通性呢？

　　因為人性：肥水不落外人田！

　　如果公司經營得很好，每年固定獲利，又是一門好生意（毛利率夠高），當公司需要更多資金擴大經營的時候，所有的股東都會舉手歡迎，喜孜孜地參加公司的現金增資。運用這個人性，我們可以進一步來思考：當一家公司的財務結構越來越往上移動，可能就是代表全體股東對這家公司的看法一致：這真是一門好生意，公司又有賺錢的真本事。

圖表1-6 財務槓桿上移，代表公司狀況好，肥水不落外人田

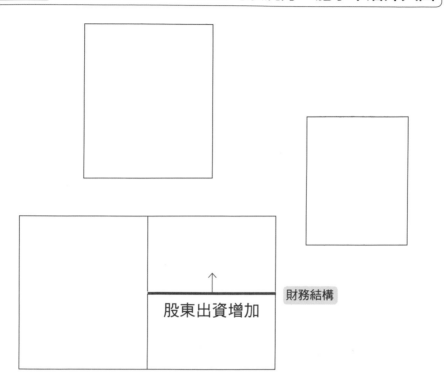

財務結構

股東出資增加

反之，當一家公司的財務結構一直往下移，代表負債的資金來源佔比越來越大（股東越來越不想投資），就可能代表這家公司的經營狀況不妙了！

　　所以財務報表是一個連動的立體觀念（如圖表1-7），當您看到①的數據，要馬上同步觀看數據②與③：

①**財務結構**：如果一家公司的財務結構一直往下移，代表股東出資的錢越來越少，請同步觀察②與③的數據。

②**毛利率**：這家公司的毛利率是不是持續在惡化？這已經不是一門好生意了嗎？

③**營業利益率**：這家公司是不是已經失去賺錢的真本事？

圖表 1-7 當財務槓桿上下移動，需立刻檢查營運狀況

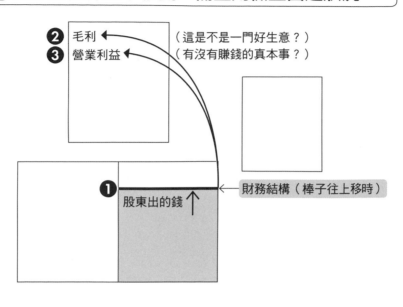

❷ 毛利 ← （這是不是一門好生意？）
❸ 營業利益 ← （有沒有賺錢的真本事？）

❶
股東出的錢 ↑

財務結構（棒子往上移時）

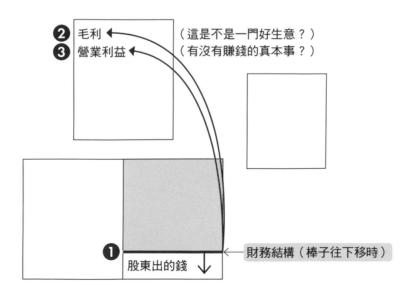

❷ 毛利 ← （這是不是一門好生意？）
❸ 營業利益 ← （有沒有賺錢的真本事？）

❶
股東出的錢 ↓

財務結構（棒子往下移時）

好公司的財務槓桿

接下來我們來看看幾家經營狀況不錯公司的實際財務報表資料。

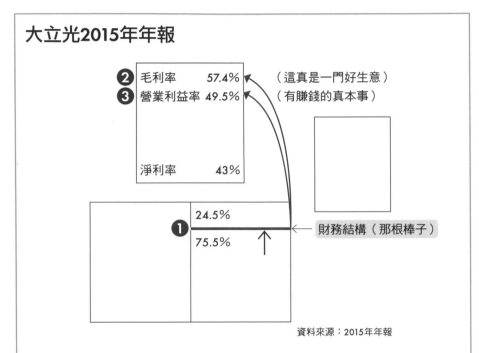

大立光2015年年報

- ❷ 毛利率　　57.4%　　（這真是一門好生意）
- ❸ 營業利益率 49.5%　　（有賺錢的真本事）

淨利率　　43%

❶ 24.5%
75.5%

財務結構（那根棒子）

資料來源：2015年年報

大立光

❶ 財務結構（那根棒子＝負債佔總資產比率）=24.5%，這個數據非常漂亮（那根棒子的位置相當高），代表股東積極參與公司的增資計畫。這時候請同步觀察❷與❸的數據。

❷ 毛利率=57.4%，這真是一門好生意！

❸ 營業利益率=49.5%，這家公司有很強大的賺錢真本事。

台積電2015年年報

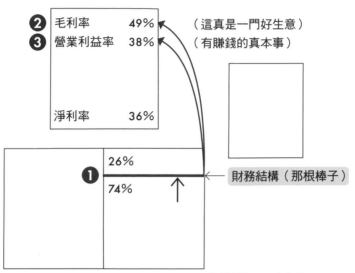

❷ 毛利率　　　49%　（這真是一門好生意）
❸ 營業利益率　38%　（有賺錢的真本事）

淨利率　　　36%

26%
❶
74%　　　財務結構（那根棒子）

資料來源：2015年年報

台積電

❶ 財務結構（那根棒子＝負債佔總資產比率）＝26%。

❷ 毛利率＝49%，沒想到台積電的晶圓代工，真是一門好生意！

❸ 營業利益率＝38%，這家公司有非常不錯的賺錢真本事。

中碳2015年年報

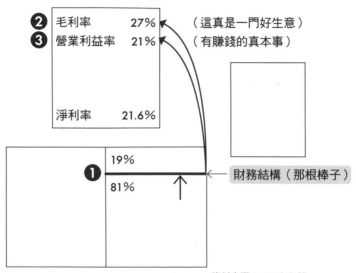

資料來源：2015年年報

中碳

❶ 財務結構（那根棒子＝負債佔總資產比率）＝19％，代表這家
公司對外的負債非常的少，大部分都是用股東的資金當作主要
資金來源，也代表股東非常挺這家公司。

❷ 毛利率＝27％，沒想到傳統產業的柏油瀝青有這麼高的毛利
率，這真是一門好生意！

❸ 營業利益率＝21％，確實擁有非常不錯的賺錢真本事。

●經營不善公司的財務槓桿

茂德2010年年報

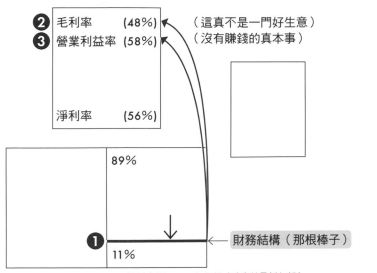

資料來源：2010年年報（破產前最新年報）

茂德

❶財務結構（那根棒子＝負債佔總資產比率）=89%，代表股東
　都不願意出資，公司大部分只能透過負債來經營。看完❶，
　記得一樣要同步觀察❷與❸。

❷毛利率=負48%，這真是一門超級不能經營的行業啊！

❸營業利益率=負58%，這種公司絕對沒有機會為股東賺錢，除
　非是透過業外收入來挹注。

力晶2011年年報

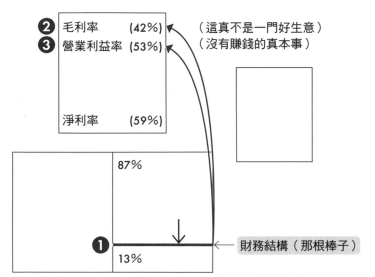

資料來源：2011年年報（破產前最新年報）

力晶

❶財務結構（那根棒子＝負債佔總資產比率）=87%，代表只有
13%股東願意出資，公司大部分只能透過負債來經營。

❷毛利率=負42%，這不是一門好生意。

❸營業利益率=負53%，沒有賺錢的真本事。

勝華2013年年報

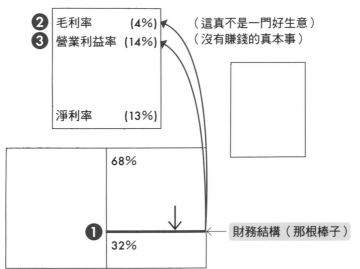

❷ 毛利率　　　(4%)
❸ 營業利益率　(14%)

（這真不是一門好生意）
（沒有賺錢的真本事）

淨利率　　　(13%)

68%

❶　　　　　　　　　　← 財務結構（那根棒子）

32%

資料來源：2013年年報（破產前最新年報）

勝華

❶ 財務結構（那根棒子＝負債佔總資產比率）=68%，代表只有32%資金來自於股東。

❷ 毛利率=負4%，這真是一門艱困行業。

❸ 營業利益率=負14%，很難有賺錢的真本事。

　　由上述六家公司，可以看出一個共通性：狀況好的公司，股東都急著想投資，因為肥水不落外人田。而狀況不好的公司，股東都不想投資，避之唯恐不及；公司為了活下去，只能不斷去尋求外部資金，例如銀行貸款、公司債等等。

　　當然，這只是一個有趣的共通性，不可能100％通用於所有的行業。實際的狀況，會依照不同行業別或是公司融資策略（也就是找錢的策略）而有所不同。

財務報表的取得方式與閱讀順序

　　有了基本的財務報表立體觀念，接下來就需要找出您想投資之公司的財務報表。只要是上市、上櫃的公司，在每個國家的公開資訊觀測站，都會有該公司最新的財務報表。台灣的公開資訊觀測站網址是：

http://mops.twse.com.tw/mops/web/t05st22_q1

　　台灣的公開資訊觀測站自2016年起，也提供了財務報表分析的新網站（http://mopsfin.twse.com.tw），讀者可以自行參考。但新網站無法同時閱讀多個指標，只能一個指標、一個指標比對，比較容易發生見樹不見林的窘境。筆者建議初學者宜先建立全局觀之後，再使用新網站。

圖表 1-8
公開資訊觀測站的財報資料

本書為了讓大家有較完整的全局觀點，故使用台灣股市資訊觀測站首頁最原汁原味的財報資訊。

進入股市觀測站之後，您就會看到如圖表1-8的畫面。只要在①處輸入您熟悉的股票代號，例如1723中碳，同時在②處勾選「最新資料」、③處按下「查詢」鍵，約1分鐘之內就可以看到那家公司最近三年的五大財務比率分析報表。如果資料遲遲未出現，肯定是您的網路沒有連上線。

這張密密麻麻的報表，乍看起來嚇死人，所以建議您暫時不用理會數字，先學會財報「中翻中」的技巧就好。

圖表1-9中標示了Ⓐ～Ⓔ的標號，這是我們經過多年實戰經驗，在股市繳了無數次的學費之後，建議您應該照此順序閱讀財務報表，底下我們逐一說明。

Ⓐ 現金流量，中翻中叫做「比氣長，越長越好」。

這個用想像的就很容易理解。您就把它想像成「現金流量」當然是越多越好，因為流進公司的現金越多，公司的底氣就越充足，氣就會越來越長，也代表一家公司的心臟功能越強。

我們投資股票當然是希望投資到一家好公司，就像在田徑場上挑哪個短跑選手會得獎，當然要優先選擇心臟功能正常的選手。所以，現金

流量是您投資股市第一個要觀察的重要指標。遺憾的是，大家通常只關注營收規模大小或是每股盈餘（EPS）。

Ⓑ 經營能力，中翻中叫做「翻桌率，越高越好」。

這一項您也可以用生活常識來想像。有甲、乙兩家餐廳，甲餐廳中午的翻桌率是四趟，乙餐廳的中午翻桌率是一趟，請問兩家餐廳之中，哪一家的經營能力比較好？當然是翻桌率越高的那一家餐廳越好。所以，「經營能力」中翻中，叫做「翻桌率，越高越好」。

Ⓒ 獲利能力，中翻中叫做「這是不是一門好生意」？

這部分主要是看這一家公司的毛利率，是不是夠高？因為在所有獲利指標當中，毛利率是最重要的資訊。毛利率越高，代表這真是一門好生意；毛利率越低，代表這是一門艱困的生意；如果毛利率是負的，那就代表這真是一門爛生意。

如果您投資的公司，屬於艱困的生意或是一門爛生意，那麼您想要透過投資該公司股票來獲利的機會，就會非常渺小，除非您進行放空。

Ⓓ 財務結構，中翻中就是「那一根棒子」。

我們在前面的內容提到，財務結構的高低，能夠看出一家公司股東對這家公司的普遍性看法——這是不是一門好生意？有沒有賺錢的真本事？所以這也是非常重要的指標之一，優先順序被我擺在第四位。

Ⓔ 償債能力，中翻中叫做「您欠我的，能還嗎？還越多越好」。

這應該不用多加解釋了，非常符合我們的常識。

所以當您到公開資訊觀測站去看自己所投資公司的財務報表時，不要被這些密密麻麻的數字給嚇到，先針對大標題進行中翻中就可以了。

最後，請您參考圖表1-9，我們針對公開資訊觀測站五大財務比率分析的原汁原味表格，為您再進行一次「中翻中」的複習。希望您讀完這個章節，便能完全消除您對財務報表的恐懼感。

圖表 1-9
替公開資訊觀測站財報資料的大標題進行五種「中翻中」

▼

從現金流量破解
公司的存活能力

現在您已經擁有了財務報表大架構的觀念，接著我們進一步來分析裡面重要的細部觀念，本章要教您解讀現金流量的投資奧秘。

在深入說明之前，我要特別強調，這是一本工具書，目的是在短時間內教會您擁有80％的正確財務報表知識，協助您在投資股票的過程中，擁有更好的判斷能力，所以本書不會特別花時間解說太過繁瑣的理論知識。如果您對財務報表抱持濃厚的興趣，可以閱讀其他專家學者所寫的正規財務報表書籍，或是參考筆者另一本暢銷書《用生活常識就能看懂財務報表》。

如果想要確認一家公司「比氣長」的能力，通常得看三個重要的指標：

(A1) 以「大於100／100／10」的觀念來分析。

(A2) 手上是否有足夠的現金，能安全渡過不景氣時的危機時刻？

(A3) 公司銷貨過程中是否能夠即時收回現金？

A1 100／100／10分析指標

●現金流量比率

　　所謂「大於100／100／10」的觀念，其中第一個100，指的是現金流量比率。

　　現金流量比率

$$= \frac{\text{營業活動淨現金流量}}{\text{流動負債}}$$

$$= \frac{\text{大}}{\text{小}} > 100\%（比較好）$$

　　乍看之下，現金流量比率是一個可怕的公式，但是您只要把它中翻中，就會了解它的含意。

　　這個指標主要是讓您知道，您投資的公司它們的經常性營業活動所帶來的現金流入，是否足以償還欠人的流動負債？

　　大於100％，代表公司真正賺進來的現金足夠償還對外的短期負債。大於100％，也代表公司賺回的現金比較多，對外欠的短期負債比

較少，因此暗示著這家公司向銀行週轉借錢的能力也不錯。如果用生活上的例子，您應該更容易了解。

A公司

現金流量比率

$$= \frac{1000萬元}{300萬元}$$

$$= \frac{\text{大}}{\text{小}} > 100\%$$

B公司

現金流量比率

$$= \frac{1000萬元}{3億元}$$

$$= \frac{\text{小}}{\text{大}} < 100\%（非常不好）$$

A公司一年賺進的營業活動現金流量是1000萬，對外的短期負債是300萬；B公司則是一年賺進的營業活動現金流量是1000萬，對外的短期負債是3億元。您覺得哪一家公司的經營狀況比較好？

只用常識判斷，也能認定當然是A公司的情況比較好。所以我們才會說，現金流量中翻中是「比氣長，越長越好」，數字越大越好。

●現金流量允當比率

「大於100／100／10」的觀念，其中第二個100，指的是現金流量允當比率。

現金流量允當比率

$$= \frac{\text{最近5年度營業活動淨現金流量}}{\text{最近5年度的「資本支出＋存貨增加額＋現金股利」}}$$

$$= \frac{\text{大}}{\text{小}} > 100\%（比較好）$$

這個公式看起來更嚇人，但不用擔心，它一樣可以簡單地中翻中。

大於100％，代表分子大，分母比較小。也就是說公司最近的五個年度，靠正常的營業活動所賺進來的現金流量，大於最近五個年度為了成長所需的資本支出、存貨和固定要發給股東的現金股利。這個比率的數值當然是越大越好。

大於100％，代表公司最近五個年度不需要對外借錢融資，自己賺的錢（營業活動現金流量）就能自給自足，支應基本的成長所需。

大於100％，也代表公司最近五個年度自己所賺的錢已經夠用，不太需要看銀行或股東的臉色，因為如果公司缺資金的話，需要從這兩種管道借錢。如果經營公司不需要看銀行或大股東的臉色，這當然是最棒的情況。

　　讓我同樣舉個生活上的例子。甲公司最近五個年度的營業活動現金流量有5000萬，為了把生意做得更好，它需要添購一台1000萬的大型卡車。乙公司也是做相同的行業，但是它最近五個年度的營業活動現金流量，累計只有500萬；當它也想買一台1000萬的大卡車時，這家公司還缺500萬，所以必須看銀行或股東的臉色。

甲公司	乙公司
現金流量允當比率	現金流量允當比率
$=\dfrac{5000萬元}{1000萬元}$	$=\dfrac{500萬元}{1000萬元}$
$=\dfrac{大}{小} > 100\%$	$=\dfrac{小}{大} < 100\%$

　　您覺得是甲公司好，還是乙公司好？用常識來判斷，當然是甲公司比較好。所以我們才會說，現金流量中翻中是「比氣長，越長越好」，數字越大越好，能夠完全滿足「大於100／100／10」更好。

●現金再投資比率

「大於100／100／10」的觀念，其中第三個10，指的是現金再投資比率。學理上定義的嚇人公式如下：

現金再投資比率

$$= \frac{\text{營業活動淨現金流量}-\text{現金股利}}{\text{固定資產毛額}+\text{長期投資}+\text{其他資產}+\text{營運資金}}$$

$$= \frac{10}{100} = 10\%\text{（比較好）}$$

請暫時不要理會這個複雜的公式，您只要知道如何中翻中就可以。

這個比率指的是，公司靠自己日常營運實力所賺進來的錢（營業活動現金流量），扣除給股東現金股利之後，公司最後自己所能保留下來的現金；而這些現金，可以再投資於公司所需資產的能力。

其中的分母（固定資產毛額＋長期投資＋其他資產＋營運資金），如果您仔細看，就會發現它已經幾乎要把整個大項的資產科目都包含進去了。

換句話，「大於100／100／10」其中的10％觀念，您也可以把它理解成：公司手上真正留下來的現金，最低應該佔總資產的10％。

　　有趣的是，2014年巴菲特在預立遺囑中，交待妻子把九成的資金放在標準普爾500（S&P 500）的指數股票型基金（ETF），剩下一成放在政府債券，長期持有就可以過得很好；其中，美國的政府債券等同現金（因為流動性很高，缺錢時可以馬上賣出變成現金）。如果我們將巴菲特的預立遺囑進行中翻中分析，就是現金最低應該佔總資產的10％。

公司體質好壞實戰分析

　　接下來，我們進入實戰分析，看看狀況好的公司與狀況不好的公司有什麼差異。

　　首先利用圖表2-1，為大家複習從公開資訊觀測站取得的財報資料，可看到現金流量的相關比率等資訊位於Ⓐ區塊。

　　若進一步整理從公開資訊觀測站所取得的各項資料，則可將該公司的財務報表資訊，彙整為如圖表2-2～2-4方便查找的樣貌。

圖表 2-1
現金流量符合「大於100/100/10」是比氣長的關鍵

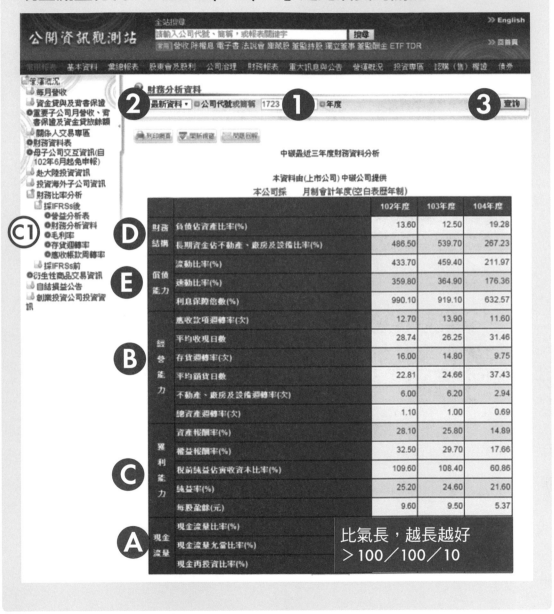

圖表 2-2
大立光2015年財務報表

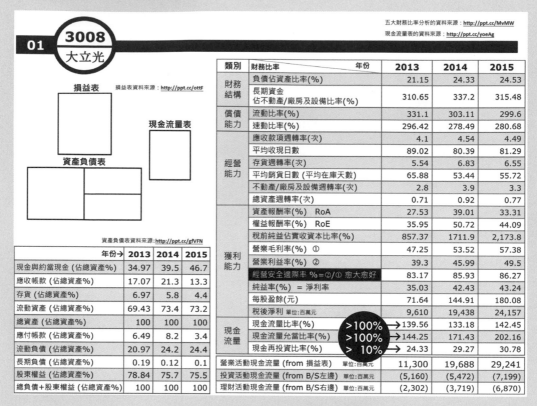

五大財務比率分析的資料來源：http://ppt.cc/MvMW
現金流量表的資料來源：http://ppt.cc/yoeAg

01 3008 大立光

損益表　損益表資料來源：http://ppt.cc/ottF

現金流量表

資產負債表

資產負債表資料來源：http://ppt.cc/gfVFN

年份→	2013	2014	2015
現金與約當現金 (佔總資產%)	34.97	39.5	46.7
應收帳款 (佔總資產%)	17.07	21.3	13.3
存貨 (佔總資產%)	6.97	5.8	4.4
流動資產 (佔總資產%)	69.43	73.4	73.2
總資產 (佔總資產%)	100	100	100
應付帳款 (佔總資產%)	6.49	8.2	3.4
流動負債 (佔總資產%)	20.97	24.2	24.4
長期負債 (佔總資產%)	0.19	0.12	0.1
股東權益 (佔總資產%)	78.84	75.7	75.5
總負債+股東權益 (佔總資產%)	100	100	100

類別	財務比率　　　　年份	2013	2014	2015
財務結構	負債佔資產比率(%)	21.15	24.33	24.53
	長期資金佔不動產/廠房及設備比率(%)	310.65	337.2	315.48
償債能力	流動比率(%)	331.1	303.11	299.6
	速動比率(%)	296.42	278.49	280.68
經營能力	應收款項週轉率(次)	4.1	4.54	4.49
	平均收現日數	89.02	80.39	81.29
	存貨週轉率(次)	5.54	6.83	6.55
	平均銷貨日數 (平均在庫天數)	65.88	53.44	55.72
	不動產/廠房及設備週轉率(次)	2.8	3.9	3.3
	總資產週轉率(次)	0.71	0.92	0.77
獲利能力	資產報酬率(%)　RoA	27.53	39.01	33.31
	權益報酬率(%)　RoE	35.95	50.72	44.09
	稅前純益佔實收資本比率(%)	857.37	1711.9	2,173.8
	營業毛利率(%) ①	47.25	53.52	57.38
	營業利益率(%) ②	39.3	45.99	49.5
	經營安全邊際率 %=②/① 愈大愈好	83.17	85.93	86.27
	純益率(%) = 淨利率	35.03	42.43	43.24
	每股盈餘(元)	71.64	144.91	180.08
	稅後淨利 單位:百萬元	9,610	19,438	24,157
現金流量	現金流量比率(%) >100% →	139.56	133.18	142.45
	現金流量允當比率(%) >100% →	144.25	171.43	202.16
	現金再投資比率(%) > 10% →	24.33	29.27	30.78
	營業活動現金流量 (from 損益表) 單位:百萬元	11,300	19,688	29,241
	投資活動現金流量 (from B/S左邊) 單位:百萬元	(5,160)	(5,472)	(7,199)
	理財活動現金流量 (from B/S右邊) 單位:百萬元	(2,302)	(3,719)	(6,870)

在大立光的現金流量分析當中，「大於100／100／10」（現金流量比率／現金流量允當比率／現金再投資比率）這三個指標都完全符合，而且還大很多，代表這家公司的「氣」會比同業還要長。

「比氣長」這個觀念非常重要，因為我們投資一家公司時，當然要優先投資氣比較長的公司，指望這家公司不會破產（比氣長），然後以這個基礎再追求最大的投資報酬率。千萬不能只追求最大的投資報酬率，然後沒幾個月該公司就破產下市，這樣您投資的錢就會血本無歸。

圖表 2-3

台積電2015年財務報表

五大財務比率分析的資料來源：http://ppt.cc/MvMW
現金流量表的資料來源：http://ppt.cc/yoeAg

02 2330 台積電

損益表　損益表資料來源：http://ppt.cc/ottF

現金流量表

資產負債表

資產負債表資料來源：http://ppt.cc/gfVFN

年份→	2013	2014	2015
現金與約當現金 (佔總資產%)	19.21	24.0	34.0
應收帳款 (佔總資產%)	5.69	7.69	5.16
存貨 (佔總資產%)	2.97	4.44	4.05
流動資產 (佔總資產%)	28.38	41.9	45.1
總資產 (佔總資產%)	100	100	100
應付帳款 (佔總資產%)	1.29	1.56	1.19
流動負債 (佔總資產%)	15.03	13.5	12.8
長期負債 (佔總資產%)	17.85	16.6	13.4
股東權益 (佔總資產%)	67.12	69.9	73.8
總負債+股東權益 (佔總資產%)	100	100	100

類別	財務比率　　　　　　　　　年份	2013	2014	2015
財務結構	負債佔資產比率(%)	32.88	30.06	26.24
	長期資金佔不動產/廠房及設備比率(%)	135.4	158.17	169.34
償債能力	流動比率(%)	188.9	311.17	351.86
	速動比率(%)	168.57	278.03	319.58
經營能力	應收款項週轉率(次)	9.11	8.12	8.37
	平均收現日數	40.06	44.95	43.6
	存貨週轉率(次)	8.39	7.42	6.49
	平均銷貨日數 (平均在庫天數)	43.5	49.19	56.24
	不動產/廠房及設備週轉率(次)	0.85	0.95	1.01
	總資產週轉率(次)	0.54	0.55	0.54
獲利能力	資產報酬率(%)　RoA	17.11	19.33	19.62
	權益報酬率(%)　RoE	24	27.88	27.04
	稅前純益佔實收資本比率(%)	83.11	116.51	135.14
	營業毛利率(%) ①	47.06	49.52	48.65
	營業利益率(%) ②	35.08	38.79	37.94
	經營安全邊際率 %=②/① 愈大愈好	74.54	78.33	77.99
	純益率(%) ＝ 淨利率	31.49	34.58	36.34
	每股盈餘(元)	7.26	10.18	11.82
	稅後淨利 單位:百萬元	188,019	263,764	306,556
現金流量	現金流量比率(%) >100% →	183.05	209.7	249.67
	現金流量允當比率(%) >100% →	88.35	92.15	103.82
	現金再投資比率(%) > 10% →	12.16	13.04	13.76
	營業活動現金流量 (from 損益表) 單位:百萬元	347,384	421,524	529,879
	投資活動現金流量 (from B/S左邊) 單位:百萬元	(281,054)	(282,421)	(217,246)
	理財活動現金流量 (from B/S右邊) 單位:百萬元	32,106	(32,328)	(116,734)

台積電也是大致符合「大於100／100／10」的指標，而且和大立光一樣，每個指標都是一年比一年好。

圖表 2-4
中碳2015年財務報表

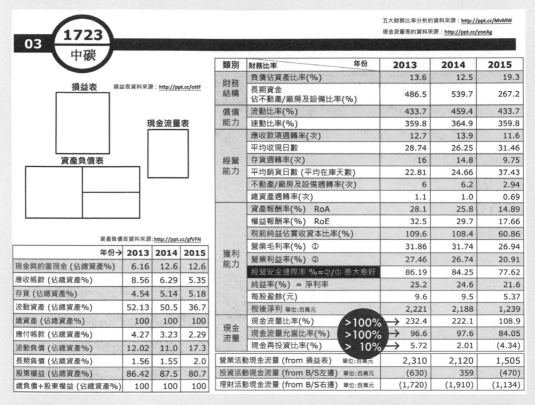

中碳的「大於100／100／10」指標，除了第一個100的指標表現很好之外，其他都不算理想。可是在股市中，大家不是都說中碳是一家值得投資的好公司嗎？為什麼他的比氣長指數沒有那麼好？

這是因為，一家公司真正的比氣長指數，要看三個重要面向，但我們現在只看到第一個100／100／10的比氣長觀念。稍後會再進一步為大家解說另外兩個比氣長的重要觀念。

圖表 2-5

茂德2010年財務報表

五大財務比率分析的資料來源: http://ppt.cc/MvMW
現金流量表的資料來源: http://ppt.cc/yoeAg

5387 茂德 2012.03宣布破產

損益表 損益表資料來源: http://ppt.cc/ottF
現金流量表
資產負債表
資產負債表資料來源:http://ppt.cc/gfVFN

年份	2008	2009	2010
現金與約當現金 (佔總資產%)	0.4	0.28	2.47
應收帳款 (佔總資產%)	1.2	0.28	1.13
存貨 (佔總資產%)	3.48	1.97	3.18
流動資產 (佔總資產%)	6.83	5.64	11.24
總資產 (佔總資產%)	100	100	100
應付帳款 (佔總資產%)	3.89	3.85	2.29
流動負債 (佔總資產%)	61.25	22.31	20.57
長期負債 (佔總資產%)	5.95	58.03	75.21
股東權益 (佔總資產%)	32.8	19.66	4.22
總負債+股東權益 (佔總資產%)	100	100	100

類別	財務比率　　　年份	2008	2009	2010
財務結構	負債佔資產比率(%)	65.5	78.7	88.9
	長期資金佔不動產/廠房及設備比率(%)	43.3	95.5	108.5
償債能力	流動比率(%)	10.3	27.4	70.4
	速動比率(%)	3	3.8	26.2
經營能力	應收款項週轉率(次)	9.3	9.8	37.9
	平均收現日數	39.4	37.2	9.6
	存貨週轉率(次)	6.5	9.6	14.5
	平均銷貨日數 (平均在庫天數)	56.6	38	25.3
	不動產/廠房及設備週轉率(次)	0.28	0.12	0.37
	總資產週轉率(次)	0.24	0.1	0.25
獲利能力	資產報酬率(%) RoA	(22.6)	(18.8)	(12.4)
	權益報酬率(%) RoE	(59.6)	(70.1)	(83.3)
	稅前純益佔實收資本比率(%)	(49.5)	(32)	(49.8)
	營業毛利率(%) ①	(61.9)	(212.6)	(47.8)
	營業利益率(%) ②	(78.1)	(240.1)	(58.1)
	經營安全邊際率 %=②/① 愈大愈好	負數無意義	負數無意義	負數無意義
	純益率(%) = 淨利率	(117.7)	(231.5)	(56.3)
	每股盈餘(元)	(5.2)	(3.2)	(5)
	稅後淨利 單位:百萬元	(36,090)	(23,220)	(17,990)
現金流量	現金流量比率(%) >100% →	2.9	0	7.4
	現金流量允當比率(%) >100% →	48.7	39.6	41.4
	現金再投資比率(%) > 10% →	2.2	0	0.8
營業活動現金流量 (from 損益表) 單位:百萬元		869	(974)	765
投資活動現金流量 (from B/S左邊) 單位:百萬元		(13,417)	(1,028)	3,129
理財活動現金流量 (from B/S右邊) 單位:百萬元		3,767	1,745	(2,192)

　　看完這三家好公司之後，我們再來看看三家已經下市的公司，在他們下市前最後一次的財務報表狀況。

　　可以很明顯地看到，在比氣長指數100／100／10方面，茂德的第一個100指標，在2009年年報的數字是0。代表公司經常性營業活動所帶來的現金流入太小，公司完全沒有能力償還對外欠別人的短期負債。

　　其後的現金流量允當比率（100）與現金再投資的比率（10），也非常不好。

圖表 2-6
力晶2011年財務報表

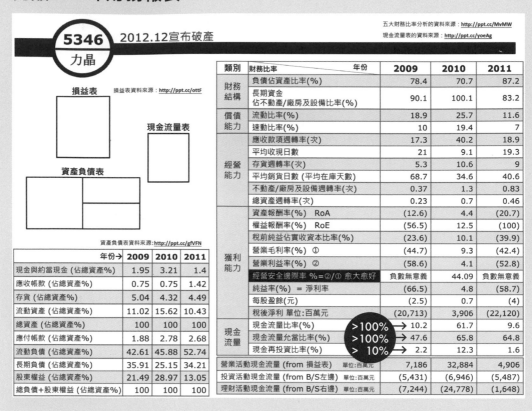

五大財務比率分析的資料來源：http://ppt.cc/MvMW
現金流量表的資料來源：http://ppt.cc/yoeAg

5346 力晶 2012.12宣布破產

損益表資料來源：http://ppt.cc/ottF

資產負債表資料來源：http://ppt.cc/gfVFN

年份→	2009	2010	2011
現金與約當現金 (佔總資產%)	1.95	3.21	1.4
應收帳款 (佔總資產%)	0.75	0.75	1.42
存貨 (佔總資產%)	5.04	4.32	4.49
流動資產 (佔總資產%)	11.02	15.62	10.43
總資產 (佔總資產%)	100	100	100
應付帳款 (佔總資產%)	1.88	2.78	2.68
流動負債 (佔總資產%)	42.61	45.88	52.74
長期負債 (佔總資產%)	35.91	25.15	34.21
股東權益 (佔總資產%)	21.49	28.97	13.05
總負債+股東權益 (佔總資產%)	100	100	100

類別	財務比率 ＼年份	2009	2010	2011
財務結構	負債佔資產比率(%)	78.4	70.7	87.2
	長期資金佔不動產/廠房及設備比率(%)	90.1	100.1	83.2
償債能力	流動比率(%)	18.9	25.7	11.6
	速動比率(%)	10	19.4	7
經營能力	應收款項週轉率(次)	17.3	40.2	18.9
	平均收現日數	21	9.1	19.3
	存貨週轉率(次)	5.3	10.6	9
	平均銷貨日數 (平均在庫天數)	68.7	34.6	40.6
	不動產/廠房及設備週轉率(次)	0.37	1.3	0.83
	總資產週轉率(次)	0.23	0.7	0.46
獲利能力	資產報酬率(%) RoA	(12.6)	4.4	(20.7)
	權益報酬率(%) RoE	(56.5)	12.5	(100)
	稅前純益佔實收資本比率(%)	(23.6)	10.1	(39.9)
	營業毛利率(%) ①	(44.7)	9.3	(42.4)
	營業利益率(%) ②	(58.6)	4.1	(52.8)
	經營安全邊際率 %=②/① 愈大愈好	負數無意義	44.09	負數無意義
	純益率(%) = 淨利率	(66.5)	4.8	(58.7)
	每股盈餘(元)	(2.5)	0.7	(4)
	稅後淨利 單位:百萬元	(20,713)	3,906	(22,120)
現金流量	現金流量比率(%) >100% →	10.2	61.7	9.6
	現金流量允當比率(%) >100% →	47.6	65.8	64.8
	現金再投資比率(%) > 10% →	2.2	12.3	1.6
	營業活動現金流量 (from 損益表) 單位:百萬元	7,186	32,884	4,906
	投資活動現金流量 (from B/S左邊) 單位:百萬元	(5,431)	(6,946)	(5,487)
	理財活動現金流量 (from B/S右邊) 單位:百萬元	(7,244)	(24,778)	(1,648)

　　力晶的比氣長指數100／100／10也是逐年惡化，尤其是第一個100指標，在2011年只剩下9.6％，代表當年度這家公司經常性的營業活動所賺進來的現金，只能償還9.6％的對外短期負債。如果把這句話再中翻中，就是：不好意思，我今年正常營運所賺來的現金不夠用，大約有90.4％的短期債務我還不了，拜託各位債權人（供應商與銀行等）不要再逼我，我真的拿不出錢了。

圖表 2-7
勝華2013年財務報表

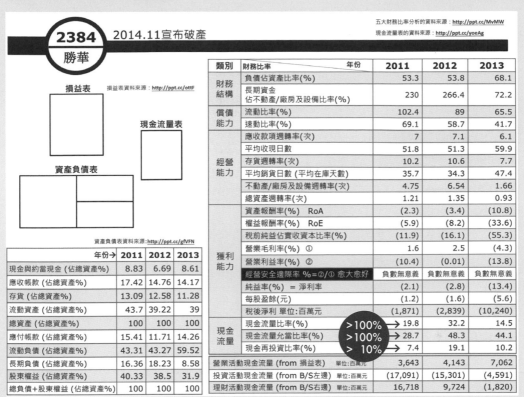

2384 勝華	2014.11宣布破產

五大財務比率分析的資料來源：http://ppt.cc/MvMW
現金流量表的資料來源：http://ppt.cc/yoeAg

損益表 損益表資料來源：http://ppt.cc/ottF

現金流量表

資產負債表 資產負債表資料來源：http://ppt.cc/gfVFN

年份→	2011	2012	2013
現金與約當現金 (佔總資產%)	8.83	6.69	8.61
應收帳款 (佔總資產%)	17.42	14.76	14.17
存貨 (佔總資產%)	13.09	12.58	11.28
流動資產 (佔總資產%)	43.7	39.22	39
總資產 (佔總資產%)	100	100	100
應付帳款 (佔總資產%)	15.41	11.71	14.26
流動負債 (佔總資產%)	43.31	43.27	59.52
長期負債 (佔總資產%)	16.36	18.23	8.58
股東權益 (佔總資產%)	40.33	38.5	31.9
總負債+股東權益 (佔總資產%)	100	100	100

類別	財務比率 　　年份	2011	2012	2013
財務結構	負債佔資產比率(%)	53.3	53.8	68.1
	長期資金佔不動產/廠房及設備比率(%)	230	266.4	72.2
償債能力	流動比率(%)	102.4	89	65.5
	速動比率(%)	69.1	58.7	41.7
經營能力	應收款項週轉率(次)	7	7.1	6.1
	平均收現日數	51.8	51.3	59.9
	存貨週轉率(次)	10.2	10.6	7.7
	平均銷貨日數 (平均在庫天數)	35.7	34.3	47.4
	不動產/廠房及設備週轉率(次)	4.75	6.54	1.66
	總資產週轉率(次)	1.21	1.35	0.93
獲利能力	資產報酬率(%) RoA	(2.3)	(3.4)	(10.8)
	權益報酬率(%) RoE	(5.9)	(8.2)	(33.6)
	稅前純益佔實收資本比率(%)	(11.9)	(16.1)	(55.3)
	營業毛利率(%) ①	1.6	2.5	(4.3)
	營業利益率(%) ②	(10.4)	(0.01)	(13.8)
	經營安全邊際率 %=②/① 愈大愈好	負數無意義	負數無意義	負數無意義
	純益率% = 淨利率	(2.1)	(2.8)	(13.4)
	每股盈餘(元)	(1.2)	(1.6)	(5.6)
	稅後淨利 單位:百萬元	(1,871)	(2,839)	(10,240)
現金流量	現金流量比率(%) >100% →	19.8	32.2	14.5
	現金流量允當比率(%) >100% →	28.7	48.3	44.1
	現金再投資比率(%) > 10% →	7.4	19.1	10.2
	營業活動現金流量 (from 損益表) 單位:百萬元	3,643	4,143	7,062
	投資活動現金流量 (from B/S左邊) 單位:百萬元	(17,091)	(15,301)	(4,591)
	理財活動現金流量 (from B/S右邊) 單位:百萬元	16,718	9,724	(1,820)

同樣的狀況，也出現在勝華2013年的年報上。

難怪巴菲特會說：「投資人要避開熱門股與爛公司。」一旦您投資了爛公司，等同血本無歸啊。所以儘管財務報表上的資料密密麻麻，我們第一個優先看的就是「比氣長」相關的指標

所以用大數法則來看，破產公司都有一個共同性：100／100／10的比氣長指數通常都不理想，導致氣不夠長。

雖然很多財務書籍都有提到財務報表是一家公司的歷史數據，不能用來預測未來，但如果您仔細善用財務報表，確實都能在相關公司破產前的數個月到一年之前，就可以分析出該公司可能破產的狀況。而這些實用的財務知識，就可以幫您趨吉避凶。

例如，2010年茂德的年報，於2011年的4月便可以在公開資訊觀測站取得。茂德宣布破產的時間是2012年3月，如果您當時有看過財報，應該可以比市場上其他投資人提前十一個月採取行動，例如趕快賣出可能會破產公司的股票。筆者個人不建議您放空，因為萬一該公司成功取得大筆新的資金，讓公司的氣變長了，那您放空的部位就會被軋空哦。

同理，力晶2011年的年度財務報表，會在2012年4月公佈，而該公司第一次宣布破產日期是2012年12月份；勝華科技2013年的年報在2014年4月可以取得，而它在2014年11月宣布破產。如果您有閱讀財務報表的習慣，就可以提早預判出這些公司的狀況，比市場上其他投資人取得七個月以上的時間優勢。

由上述簡單的分析可以看到，財務報表確實不是萬靈丹，卻有趨吉避凶的大功能喔！

A2 第二個比氣長指標：現金佔總資產的比率

現在您已經學會第一個比氣長指數：大於100／100／10。但這個指數是學理創造出來的，有一些局限性，所以只看這個指標不夠。接下來要為大家介紹第二個比氣長的指數：現金佔總資產的比率。

這個比率究竟應該要多少才比較好，筆者認為沒有絕對的答案，但是我們可以透過大量觀察好公司的資金配置，來看看這些世界一等一的財務長如何安排現金部位，然後歸納出這些好公司對現金部位控管的共通性。

圖表2-8這六家不錯的公司都來自於不同行業，您有沒有發現，它們在「現金與約當現金佔總資產」的百分比都相當高呢？

需要大量資本支出的行業尤其如此，以2015年年報的資料為例，光電業的大立光與半導體業的台積電，兩家公司的現金佔總資產比率都在30％以上；而資本支出需求比較小的公司（例如中碳），現金佔總資產的比率也大約有12％。

用歸納的原則來看這六家財務穩健的好公司，可以發現現金與約當現金最好佔公司總資產的25％，最少也應該大於總資產的10％。

圖表 2-8 好公司的現金與約當現金佔總資產的比率

現金與約當現金

年度	2013年	2014年	2015年
大立光（3008）	34.97%	39.5%	46.7%
台積電（2330）	19.21%	24%	34%
中碳（1723）	6.16%	12.6%	12.6%
統一超（2912）	25.16%	24.99%	25.72%
巨大（9921）	13.45%	14.32%	17.1%
鴻海（2317）	30.01%	27.6%	28.5%

資料來源：公開資訊觀測站

為什麼呢？除了前面筆者提到，股神巴菲特在預立遺囑中保留了10％現金的觀念之外，最重要的原因是「現金為王」的觀念。尤其是大家經歷了2009年的金融海嘯事件之後才發現，手上保有一定比例的現金，不論何時都可以買下想要的資產；但滿手資產的公司或個人，卻不一定在危急時能夠即時換成現金活下來。

　　2008、2009這兩年間，全球倒閉了數萬家公司。這些倒閉公司的帳上還有很多資產，卻來不及換成現金活下來，主要的原因有二：

1. 多數銀行當時是泥菩薩過江，自身難保，根本沒有心力貸款給企業度過難關。
2. 因為大家過度恐慌，原本想買這些公司資產的買家，在看不到景氣是否有回溫跡象之前，都不敢貿然出手，導致這些滿手資產的中小企業或是大型企業，最後一個接著一個倒閉。

　　所以現金非常重要，您可以把一家公司的現金比例，想像成一個人的「心臟」。手上沒有現金的企業，就像是一個人宣稱自己體檢的所有數據都很健康，但是心臟卻不會動了一樣。

　　因此，一家值得我們投資的好公司，不論屬於什麼行業，現金與約當現金應該佔總資產的10～25％，才是最健康（氣較長）的狀態。

　　接下來，我們看看幾家已經下市公司的財務報表表現如何。

　　由圖表2-9可以看出，任何一家「氣不長」的公司，有很大一部分原因是該公司的現金佔總資產比率偏低，皆不到10％。

　　茂德與力晶的現金與約當現金，破產前最後一年的數字佔總資產不到3％。而且這兩家公司都屬於高度資本密集的行業（中翻中叫「燒錢

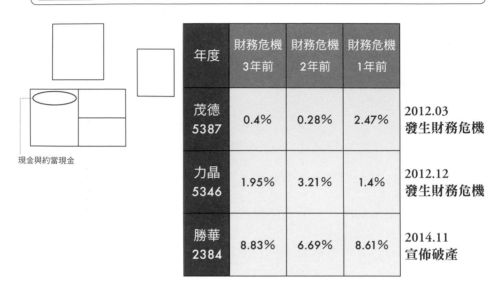

圖表 2-9 壞公司的現金與約當現金佔總資產比率的特性

現金與約當現金

年度	財務危機 3年前	財務危機 2年前	財務危機 1年前	
茂德 5387	0.4%	0.28%	2.47%	2012.03 發生財務危機
力晶 5346	1.95%	3.21%	1.4%	2012.12 發生財務危機
勝華 2384	8.83%	6.69%	8.61%	2014.11 宣佈破產

的行業」），手上卻沒有足夠的現金，所以一旦遇到景氣反轉，很容易陰溝裡翻船，即使是幾萬人的公司，一樣說倒就倒。

而勝華科技的現金與約當現金佔總資產的比率，最後三年平均不到8％，最後很可惜，一家員工總人數超過兩萬人的大公司，也一樣宣佈破產了。

所以在前面才會特別提醒大家：不論是什麼行業的公司，為了讓公司的「氣」比其他競爭者長，現金與約當現金佔總資產的比例應該介於10～25％。如果您投資的那家公司屬於資本密集（燒錢）的行業，現金

佔總資產的比例最好要高於25％。您可以順便對比一下前面提到的台積電（半導體業是燒錢的行業）的現金佔總資產約佔34％；大立光（也是燒錢的行業）現金佔總資產約46％，也是這個道理：資本密集（燒錢）的公司，手上現金當然是越多越好。

A3 第三個比氣長指標：平均收現日數

當然，這是筆者透過閱讀大量國內外上市公司財務報表，所觀察到的一些共通現象。但有些公司或行業確實不願意留這麼多現金，這時怎麼辦呢？

就如同前面提到的，判斷一家公司是否「氣長」，有三個重要指標。除了前面提到的100／100／10概念，以及10～25％這兩種指標外，還有第三個指標：看看這家公司在日常經營上，是否都是**向客戶收取現金**？

這個指標您可以在五大財務比率分析中「經營能力」的「平均收現日數」看出來。

一般來說，只要平均收現日數小於15天，便可以將它解讀為這是一個做生意收現金的行業。為什麼這個指標小於15天以內，就算是收現金

的行業呢？因為刷卡消費有時需要經過1～2週之後，信用卡發卡公司或銀行機構才會把消費者刷卡的錢轉入給企業。

那什麼行業是收現金的行業呢？例如B2C行業的便利商店、百貨公司、鐵路運輸及航空等交通事業；或是B2B的行業，它們的產品價格波動很大（一日三市），需要採用現金交易，例如原物料的金、銀、銅、鐵、石油、農產品，或是DRAM等行業。您可以參考圖表2-10的三家公司財務報表，便能看出這種特性。

圖表2-10 收現金行業的平均收現日數

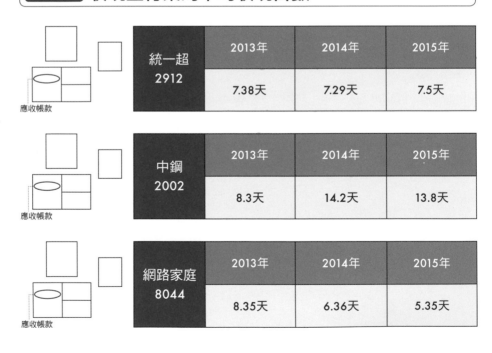

統一超 2912	2013年	2014年	2015年
應收帳款	7.38天	7.29天	7.5天

中鋼 2002	2013年	2014年	2015年
應收帳款	8.3天	14.2天	13.8天

網路家庭 8044	2013年	2014年	2015年
應收帳款	8.35天	6.36天	5.35天

判斷比氣長的優先順序

到這邊為止，您已經學會現金流量「比氣長、越長越好」的觀念，也知道要看三組重要的數字。我們先來綜合複習現金流量「比氣長、越長越好」的三個關鍵指標：

(A1) 「大於100／100／10」的觀念，數字越大越好。

(A2) 現金與約當現金佔總資產的比率介於10～25％。不論您投資的公司是屬於什麼行業，都應該介於這個水準。如果您投資的公司是屬於資本密集（燒錢）的行業，這個比例應該要比25％更高。

(A3) 如果您投資的公司還是天天收現金的行業，那就更棒了。

但是，應該很少有公司可以同時擁有這三個條件吧？如果無法一次滿足這三個條件，三者的優先順序應該是什麼？如果您心中浮現上述疑惑，恭喜您，這代表您已經完全學會這個章節的重點了！

您的疑惑完全正確，真實的商務世界中，罕有公司能同時擁有這三個「比氣長」的關鍵數字。在財務報表的運用上，我們的優先順序是：

(A2) 優於 (A3)，(A3) 優於 (A1)

手上有現金最好，所以 Ⓐ2 是一家公司「氣最長」的保證。

萬一手上沒有這麼多現金，但是公司天天收現金，一樣很不錯，所以 Ⓐ3 是「氣最長」次要優先的指標。

大於100／100／10，是理論上一家公司氣長不長的指標。但這些數字（100／100／10）就像是一般人的體檢報告數字一樣，參考價值居多，實務運用上並不這麼重要；畢竟體檢報告數字很好，不代表我們的身體一定好。所以筆者把這個100／100／10的指標放在最後再考量，能符合最好，不符合也沒關係，只要這家公司手上有很多現金，這家公司氣就會比其他公司長。

所以，雖然您閱讀財務報表的順序如圖表2-11所示，是 Ⓐ1→Ⓐ2→Ⓐ3，但三個指標的重要性則是 Ⓐ2＞Ⓐ3＞Ⓐ1。如果這三個指標合計是100分，我會這樣給分：

● 符合指標 Ⓐ2，給70分

● 符合指標 Ⓐ3，給20分

● 符合指標 Ⓐ1，再加上10分

　　換句話說，如果一家公司只符合指標Ⓐ2，其他指標都不符合，還是具有70％的「比氣長」能力；如果同時符合指標Ⓐ2與Ⓐ3，則擁有90％以上的「比氣長」能力；如果三個指標都符合，那這家公司的「比氣長」能力指數就是滿分啦！

圖表 2-11 「比氣長」三大指標的閱讀順序

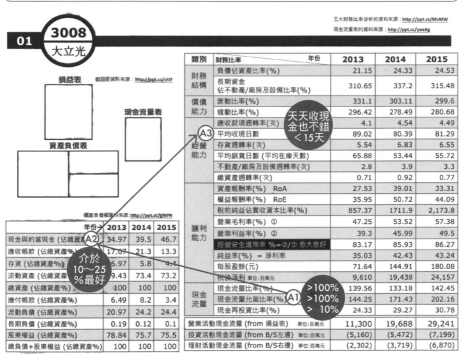

時事解析（一）：樂陞科技

樂陞科技的新聞在2016年下半年炒得沸沸揚揚。我們暫時不管這家公司最近發生的故事情節，純粹就財務報表（詳見圖表2-12）的角度來分析。如果我們手上有100萬元的閒錢可以投資股市，應不應該投資這家公司呢？

圖表 2-12 樂陞科技2015年財務報表

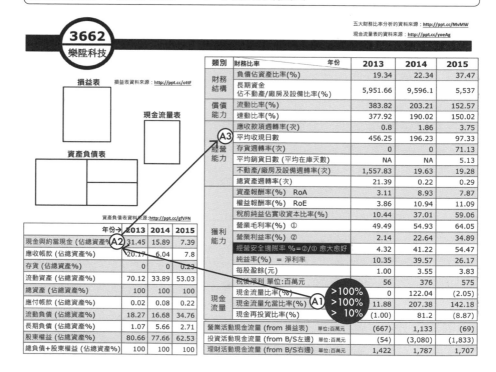

五大財務比率分析的資料來源：http://ppt.cc/MvMW
現金流量表的資料來源：http://ppt.cc/yoeAg

3662 樂陞科技

損益表　損益表資料來源：http://ppt.cc/ottF

資產負債表資料來源：http://ppt.cc/gfVFN

年份→	2013	2014	2015
現金與約當現金 (佔總資產%)	31.45	15.89	7.39
應收帳款 (佔總資產%)	20.17	6.04	7.8
存貨 (佔總資產%)	0	0	0.23
流動資產 (佔總資產%)	70.12	33.89	53.03
總資產 (佔總資產%)	100	100	100
應付帳款 (佔總資產%)	0.02	0.08	0.22
流動負債 (佔總資產%)	18.27	16.68	34.76
長期負債 (佔總資產%)	1.07	5.66	2.71
股東權益 (佔總資產%)	80.66	77.66	62.53
總負債+股東權益 (佔總資產%)	100	100	100

類別	財務比率　　　　年份	2013	2014	2015
財務結構	負債佔資產比率(%)	19.34	22.34	37.47
	長期資金佔不動產/廠房及設備比率(%)	5,951.66	9,596.1	5,537
償債能力	流動比率(%)	383.82	203.21	152.57
	速動比率(%)	377.92	190.02	150.02
經營能力	應收款項週轉率(次)	0.8	1.86	3.75
	平均收現日數	456.25	196.23	97.33
	存貨週轉率(次)	0	0	71.13
	平均銷貨日數 (平均在庫天數)	NA	NA	5.13
	不動產/廠房及設備週轉率(次)	1,557.83	19.63	19.28
	總資產週轉率(次)	21.39	0.22	0.29
獲利能力	資產報酬率(%)　RoA	3.11	8.93	7.87
	權益報酬率(%)　RoE	3.86	10.94	11.09
	稅前純益佔實收資本比率(%)	10.44	37.01	59.06
	營業毛利率(%) ①	49.49	54.93	64.05
	營業利益率(%) ②	2.14	22.64	34.89
	經營安全邊際率 %=②/① 愈大愈好	4.32	41.22	54.47
	純益率(%) = 淨利率	10.35	39.57	26.17
	每股盈餘(元)	1.00	3.55	3.83
	稅後淨利 單位:百萬元	56	376	575
現金流量	現金流量比率(%)　>100%	0	122.04	(2.05)
	現金流量允當比率(%)　>100%	11.88	207.38	142.18
	現金再投資比率(%)　> 10%	(1.00)	81.2	(8.87)
	營業活動現金流量 (from 損益表)　單位:百萬元	(667)	1,133	(69)
	投資活動現金流量 (from B/S左邊)　單位:百萬元	(54)	(3,080)	(1,833)
	理財活動現金流量 (from B/S右邊)　單位:百萬元	1,422	1,787	1,707

此時，您可以根據上述三個「比氣長」指標進行分析，並根據前面筆者建議給 Ⓐ1、Ⓐ2、Ⓐ3 配分，做成如圖表2-13的模樣進行分析，您在分析時心裡就會有個基準了。底下我帶大家簡單分析一次作為範例。

Ⓐ1 現金流量相關比率，是否大於100／100／10？

這個指標的重要性是10分。筆者的個人見解是，樂陞在這個指標的表現不佳，起伏很大、時好時壞，所以只能拿到5分。

Ⓐ2 公司手上的現金是否充足？最好介於10～25％。

這個指標的重要性是70分，而且10～25％只是基本要求，如果該公司屬於資本密集（燒錢）的行業，現金佔總資產比率最好要大於25％。

2015年底時，樂陞的現金存量為7.39％，實在偏低。再者，樂陞的「總資產週轉率」為0.29，小於1，代表它屬於資本密集的行業（相關觀念將於第三章介紹），需要大量資金（燒錢）。當一家公司手上的現金只有7.39％，同時又在資本密集行業中發展，真的是很危險！

也因此，這個指標筆者只會給樂陞20分。

Ⓐ3 這家公司是否能夠天天收現金？平均收現天數＜15天。

這個指標的重要性是20分。如果公司手上沒有足夠的現金，那至少要能天天收現金。

　　樂陞的收現天數為97天，沒有小於15天，不是收現金的生意模式，屬於一般B2B的行業。既然如此，這個指標筆者只會給樂陞10分。

　　綜合以上的分析，樂陞在「比氣長，越長越好」的 Ⓐ1、Ⓐ2、Ⓐ3 三個指標，分數合計是35分，但滿分可是100分！所以，如果我手上有100萬的資金可以投資，當然會跳過這家公司，別忘記，台灣上市櫃公司將近2,000家，千萬不要拿自己的錢開玩笑，放在一家「氣不長」的公司。

圖表 2-13 樂陞科技的「比氣長」能力分析

現金流量＝「比氣長，愈長愈好」					
	指標內容	2015年年報	指標重要性	您會給幾分？	比氣長指標綜合判斷
Ⓐ1	是否＞100／100／10	（2.05）／142／（8）	10分	5分	這家公司不值得長期投資，但是否值得短線操作，不在本書想分享的範圍，請自行判斷哦！
Ⓐ2	現金10%～25%（資本密集行業要＞25%）	7.39%	70分	20分	
Ⓐ3	平均收現日數（是否收現金）	97天	20分	10分	
	綜合評分	35分			

時事解析（二）：復興航空

為了讓大家瞭解如何解析時事，近期發生停飛事件的復興航空公司，筆者特別將它近三年財務報表整理出來（如圖表2-14）。

根據法規要求，所有上市櫃公司的前一年度財務報表，需於隔年4月前完成對外正式公告。也就是說，最晚在2016年4月30日，您就可以在台灣的公開資訊觀測站，取得興航2015年的財務報表年報資料。

圖表 2-14 復興航空2015年財務報表

五大財務比率分析的資料來源：http://ppt.cc/MvMW
現金流量表的資料來源：http://ppt.cc/yoeAg

6702 興航

損益表　損益表資料來源：http://ppt.cc/ottF

資產負債表資料來源：http://ppt.cc/gfVFN

類別	財務比率　　　　　　年份	2013	2014	2015
財務結構	負債佔資產比率(%)	64.53	67.88	72.39
	長期資金佔不動產/廠房及設備比率(%)	152.59	137.53	110.73
償債能力	流動比率(%)	167.51	140.53	63.91
	速動比率(%)	97.35	114.39	47.77
經營能力	應收款項週轉率(次)	33.97	31.37	23.32
	平均收現日數	10.74	11.63	15.65
	存貨週轉率(次)	NA	NA	NA
	平均銷貨日數（平均在庫天數）	NA	NA	NA
	不動產/廠房及設備週轉率(次)	1.18	1.03	0.68
	總資產週轉率(次)	0.59	0.57	0.42
獲利能力	資產報酬率(%) RoA	1.32	1.96	(3.82)
	權益報酬率(%) RoE	1.82	3.91	(15.32)
	稅前純益佔實收資本比率(%)	2.7	7.63	(19.83)
	營業毛利率(%) ①	6.1	12.73	(11.57)
	營業利益率(%) ②	(3.24)	3.03	(23.56)
	經營安全邊際率 %=②/① 愈大愈好	負數無意義	23.8	負數無意義
	純益率(%) = 淨利率	1.09	2.31	(10.92)
	每股盈餘(元)	0.24	0.55	(1.83)
	稅後淨利 單位:百萬元	133	305	(1,156)
現金流量	現金流量比率(%)	61.26	46.58	(12.73)
	現金流量允當比率(%)	190.98	75.86	43.21
	現金再投資比率(%)	11.27	7.29	(4.73)
	營業活動現金流量 (from 損益表) 單位:百萬元	2,547	2,043	(969)
	投資活動現金流量 (from B/S左邊) 單位:百萬元	(4,191)	(5,047)	(1,560)
	理財活動現金流量 (from B/S右邊) 單位:百萬元	4,406	3,569	763

天天收現金也不錯 ＜15天（A3）

年份→	2013	2014	2015
現金與約當現金 (佔總資產%)	17.67	17.04	10.83
應收帳款 (佔總資產%)	1.66	1.65	1.67
存貨 (佔總資產%)	3.32	2.69	2.68
流動資產 (佔總資產%)	8.51	24.03	19.58
總資產 (佔總資產%)	100	100	100
應付帳款 (佔總資產%)	1.26	0.91	1.03
流動負債 (佔總資產%)	20.00	17.10	30.63
長期負債 (佔總資產%)	44.53	50.78	41.76
股東權益 (佔總資產%)	35.47	32.12	27.61
總負債+股東權益 (佔總資產%)	100	100	100

（A2）介於10～25%最好

（A1）>100% >100% >10%

您無法預測之後會發生全面停飛事件，但您現在已經擁有「比氣長」的財務觀念了。假設您的手上剛好有100萬元可供投資，請問當時的您，會投資興航嗎？請您依照圖表2-15的格式，進行「比氣長」的指標解析練習，相信您心中就有個底了。

圖表 2-15 復興航空的「比氣長」能力分析

現金流量＝「比氣長，愈長愈好」				
指標內容	2015年年報	指標重要性	您會給幾分？	比氣長指標綜合判斷
(A1) 是否 >100／100／10		10分		
(A2) 現金10%～25%（資本密集行業要>25%）		70分		
(A3) 平均收現日數（是否收現金）		20分		
綜合評分				

　　永遠記得一個重要的觀念：投資理財是為了讓我們早日達成財務自由，享受生活。所以投資一家公司時，一定要看財務報表，而且第一個要看的指標就是「比氣長，越長越好」。因為我們要找的投資標的，應該要追求是十年、二十年甚至三十年之後最有可能還存活的公司，才值得我們長期投資。

實戰分析練習

　　接下來，請您練習看看，本書附卡中的三十二家公司財報中，哪些公司具備「比氣長、愈長愈好」的性質？再次提醒您，投資股票一定要優先選出氣長的公司，如果公司的氣不長，其他都不重要了，因為我們投資的公司將有可能倒閉，投下去的錢將全部歸零了唷！

公司名稱 股票代號		指標 Ⓐ　現金流量=比氣長、愈長愈好			您覺得自己投資下去之後，這家公司的氣長不長呢？ (滿分100分)
		重要性10分	重要性70分	重要性20分	
		Ⓐ1 ＞100／100／10？	Ⓐ2 現金佔總資產比率是否介於10～25%	Ⓐ3 天天收現金？平均收現天數＜15天	
01	大立光 3008				
02	台積電 2330				
03	中碳 1723				
04	廣隆光電 1537				
05	皇田工業 9951				
06	友通資訊 2397				
07	佳格 1227				
08	聯鈞 3450				
09	為升 2231				

10	日友 8341				
11	中興保全 9917				
12	神基科技 3005				
13	寶成工業 9904				
14	台數科 6464				
15	巨大 9921				
16	恆大 1325				
17	邦特生技 4107				
18	可寧衛 8422				
19	帆宣科技 6196				
20	台達電 2308				
21	帝寶 6605				

22	新光保全 9925				
23	中華電信 2412				
24	旭隼 6409				
25	萬洲化學 1715				
26	劍麟 2228				
27	數字科技 5287				
28	卜蜂 1215				
29	振樺電 8114				
30	統一超 2912				
31	鴻海 2317				
32	中鋼 2002				

※本表並非報明牌！本書所附贈之各公司財務報表，皆為筆者隨機在公開資訊觀測站選出的公司。

※投資一定有風險，股票投資有賺有賠，買股前請詳閱公開說明書（財務報表）。

▼

從經營能力
破解公司做生意真本事

有了最重要的「比氣長」觀念之後，接下來我們來看看，所投資的公司是不是擁有經營能力？

請參考圖表1-9「公開資訊觀測站的財報資料」的經營能力，它的中翻中就是「翻桌率，越高越好」。

還記得我們在第一章的43頁提到，甲餐廳與乙餐廳中午翻桌率的故事嗎？翻桌率越高越好！

其中，桌子是餐廳的資產，換句話說，一家公司的經營能力好不好，要看這一家公司的資產，一年幫公司做了幾趟生意——當然是越多趟越好。

那麼請您想想，一家公司的資產在什麼地方會出現呢？答案就在資產負債表。

其中最重要的幾個資產（這些資產一年能幫公司做幾趟生意），分別是：應收帳款、存貨、固定資產、總資產，在資產負債表中的位置如圖表3-1所示。

所以，要判斷一家公司的經營能力，就是看這些資產一年幫公司做了幾趟生意。

圖表 3-1 資產負債表中的關鍵資產

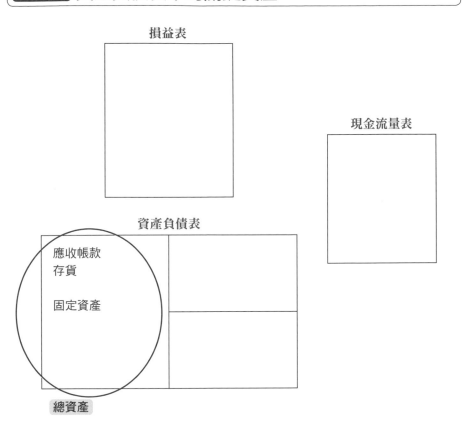

損益表

現金流量表

資產負債表

應收帳款
存貨

固定資產

總資產

應收帳款週轉率

我們先來看看應收帳款週轉率的定義*。這個指標主要是在說明：應收帳款這個資產，一年幫公司做了幾趟生意，越多趟越好。它在財務報表的位置請參考圖表3-2。

圖表 3-2 應收帳款週轉率在財務報表中的位置

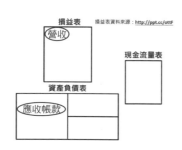

年份→	2013	2014	2015
現金與約當現金 (佔總資產%)	34.97	39.5	46.7
應收帳款 (佔總資產%)	17.07	21.3	13.3
存貨 (佔總資產%)	6.97	5.8	4.4
流動資產 (佔總資產%)	69.43	73.4	73.2
總資產 (佔總資產%)	100	100	100
應付帳款 (佔總資產%)	6.49	8.2	3.4
流動負債 (佔總資產%)	20.97	24.2	24.4
長期負債 (佔總資產%)	0.19	0.12	0.1
股東權益 (佔總資產%)	78.84	75.7	75.5
總負債+股東權益 (佔總資產%)	100	100	100

類別	財務比率　　　　　　年份	2013	2014	2015
財務結構	負債佔資產比率(%)	21.15	24.33	24.53
	長期資金佔不動產/廠房及設備比率(%)	310.65	337.2	315.48
償債能力	流動比率(%)	331.1	303.11	299.6
	速動比率(%)	296.42	278.49	280.68
經營能力	應收款項週轉率(次)	4.1	4.54	4.49
	平均收現日數	89.02	80.39	81.29
	存貨週轉率(次)	5.54	6.83	6.55
	平均銷貨日數 (平均在庫天數)	65.88	53.44	55.72
	不動產/廠房及設備週轉率(次)	2.8	3.9	3.3
	總資產週轉率(次)	0.71	0.92	0.77
獲利能力	資產報酬率(%) RoA	27.53	39.01	33.31
	權益報酬率(%) RoE	35.95	50.72	44.09
	稅前純益佔實收資本比率(%)	857.37	1711.9	2,173.8
	營業毛利率(%) ①	47.25	53.52	57.38
	營業利益率(%) ②	39.3	45.99	49.5
	經營安全邊際率 %=②/① 愈大愈好	83.17	85.93	86.27
	純益率(%) ＝淨利率	35.03	42.43	43.24
	每股盈餘(元)	71.64	144.91	180.08
	稅後淨利 單位:百萬元	9,610	19,438	24,157
現金流量	現金流量比率(%)	139.56	133.18	142.45
	現金流量允當比率(%)	144.25	171.43	202.16
	現金再投資比率(%)	24.33	29.27	30.78
	營業活動現金流量 (from 損益表)　單位:百萬元	11,300	19,688	29,241
	投資活動現金流量 (from B/S左邊)　單位:百萬元	(5,160)	(5,472)	(7,199)
	理財活動現金流量 (from B/S右邊)　單位:百萬元	(2,302)	(3,719)	(6,870)

損益表資料來源：http://ppt.cc/ottF

資產負債表資料來源:http://ppt.cc/gfVFN

---

* 更完整的五大財務比率分析相關公式說明，請參考公開資訊觀測站的「公式說明」頁面。

接下來，我們根據2015年的年報資料，挑出六家指標性公司的應收帳款週轉率來做比較（見圖表3-3）。

圖表3-3 六家公司的應收帳款週轉率

單位：次數／年

	大立光 3008	台積電 2330	中碳 1723	統一超 2912	巨大 9921	鴻海 2317
應收帳款週轉率（次數）	4.49	8.37	11.6	48.67	5.32	6.52

資料來源：公開資訊觀測站，2015年報資料

如果用排名的方式來理解，「應收帳款」這個資產的經營能力，六家公司由高到低分別是：

統一超商48.67＞中碳11.6＞台積電8.37＞鴻海6.52＞巨大5.32＞大立光4.49

透過這個簡單的排名，您有沒有發現一個非常有趣的現象？

只要是現金交易的行業，應收帳款經營能力的表現通常會非常棒；因為都是用現金交易，所以「應收帳款」這項資產的金額會很少。例如我們生活中離不開的7-11便利商店，應收帳款週轉率（翻桌率）的表現

高達48.67趟／年。

另外，需求強勁的行業在應收帳款經營能力表現也會相當出色，例如台灣的馬路幾乎天天都在整修，而修馬路所需要的瀝青、柏油來自於中碳，因此該公司的應收帳款週轉率高達11.6趟／年。

晶圓代工的台積電，一年應收帳款能做上8.37趟的生意。這個數字背後代表的意義是：晶圓代工這個行業的需求也是非常的龐大。

一般說來，應收帳款這個資產一年能做上6趟生意就算是經營能力相當不錯的公司，例如鴻海的數字是6.52趟／年。當然，實務上應收帳款週轉率這個數字，在不同行業會明顯不同。

簡單來說，B2C（企業對個人）行業的公司，因為大部分都是向客戶收現金，所以這一類的公司應收帳款週轉率表現會相當優秀。而一般的B2B（企業對企業）行業的公司，應收帳款週轉率大於6趟也算是相當優秀。

另外B2B行業中，如果該公司的主要客戶是軍、警、政等機關行號，因為政府單位大多採用年度預算制，對企業而言，這種客戶的應收帳款挺頭痛的，通常一定會收得到款項，但是常常拖得非常久。所以大多數經營政府單位的上市櫃公司，應收帳款這個資產的經營能力就會比較弱。

正是因為不同行業類別的公司，應收帳款週轉率的數字也會明顯不同，所以財經領域學者又創造出另外一個更容易理解的指標：平均收現日數。

平均收現日數

這個指標相當簡單，就是用365天除以應收帳款週轉率，所得到的數字。透過這個簡單的指標，投資人就可以一眼看出一家公司應收帳款的整體經營管理水平。

「平均收現日數」的資料，一樣可以在公開資訊觀測站的五大財務比率分析中「經營能力」欄位中輕鬆取得，如圖表3-4中的紅框所示。

圖表 3-4 平均收現日數在財務報表中的位置

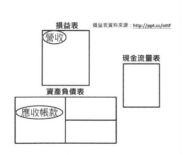

損益表資料來源：http://ppt.cc/ottF

資產負債表資料來源：http://ppt.cc/gfVFN

年份→	2013	2014	2015
現金與約當現金 (佔總資產%)	34.97	39.5	46.7
應收帳款 (佔總資產%)	17.07	21.3	13.3
存貨 (佔總資產%)	6.97	5.8	4.4
流動資產 (佔總資產%)	69.43	73.4	73.2
總資產 (佔總資產%)	100	100	100
應付帳款 (佔總資產%)	6.49	8.2	3.4
流動負債 (佔總資產%)	20.97	24.2	24.4
長期負債 (佔總資產%)	0.19	0.12	0.1
股東權益 (佔總資產%)	78.84	75.7	75.5
總負債＋股東權益 (佔總資產%)	100	100	100

類別	財務比率　　　年份	2013	2014	2015
財務結構	負債佔資產比率(%)	21.15	24.33	24.53
	長期資金佔不動產/廠房及設備比率(%)	310.65	337.2	315.48
償債能力	流動比率(%)	331.1	303.11	299.6
	速動比率(%)	296.42	278.49	280.68
經營能力	應收款項週轉率(次)	4.1	4.54	4.49
	平均收現日數	89.02	80.39	81.29
	存貨週轉率(次)	5.54	6.83	6.55
	平均銷貨日數 (平均在庫天數)	65.88	53.44	55.72
	不動產/廠房及設備週轉率(次)	2.8	3.9	3.3
	總資產週轉率(次)	0.71	0.92	0.77
獲利能力	資產報酬率(%) RoA	27.53	39.01	33.31
	權益報酬率(%) RoE	35.95	50.72	44.09
	稅前純益佔實收資本率(%)	857.37	1711.9	2,173.8
	營業毛利率(%) ①	47.25	53.52	57.38
	營業利益率(%) ②	39.3	45.99	49.5
	經營安全邊際率 %=②/① 愈大愈好	83.17	85.93	86.27
	純益率(%) ＝ 淨利率	35.03	42.43	43.24
	每股盈餘(元)	71.64	144.91	180.08
	稅後淨利 單位:百萬元	9,610	19,438	24,157
現金流量	現金流量比率(%)	139.56	133.18	142.45
	現金流量允當比率(%)	144.25	171.43	202.16
	現金再投資比率(%)	24.33	29.27	30.78
	營業活動現金流量 (from 損益表) 單位:百萬元	11,300	19,688	29,241
	投資活動現金流量 (from B/S左邊) 單位:百萬元	(5,160)	(5,472)	(7,199)
	理財活動現金流量 (from B/S右邊) 單位:百萬元	(2,302)	(3,719)	(6,870)

我們一樣將之前六家公司的平均收現日數，彙整至圖表3-5。

圖表 3-5 六家公司的平均收現日數

單位：天數

	大立光 3008	台積電 2330	中碳 1723	統一超 2912	巨大 9921	鴻海 2317
平均收現日數	81.29	43.6	31.46	7.5	68.6	55.98

資料來源：公開資訊觀測站，2015年報資料

實務上來說，如果是B2C行業、採用現金或是接受信用卡刷卡交易的上市櫃公司，他們的平均收現日數通常會小於15天。例如在圖表3-5之中，您可以看到統一超商的平均收現日數是7.5天。因為一般信用卡機構撥款的日數，是7到14天之內撥款給企業，所以只要平均收現日數小於15天，我們就可確定這家公司是採用現金交易的行業類別。除了B2C行業是採用現金交易，也有部分B2B行業採用現金交易，例如金、銀、銅、石油等原物料與農產品的行業。

至於一般的B2B上市櫃公司，這些公司之間的業務往來，通常採用賒銷的信用交易行為，所以平均收現日數稍長一些算是正常。不同行業間交易的狀況略有差異，不過大都介於月結60天或是90天的時間。換句話說，一般台灣企業的平均收現日數，應該在60～90天之間才屬正常。

　　有了這個「一般來說，應收帳款應該在60～90天之內變成現金」的生活常識之後，我們再來看看圖表3-5中各家公司的表現。

　　中碳的平均收現日數是31.46天，台積電的平均收現日數是43.6天，鴻海的平均收現日數是55.98天。代表這三家公司，都比業界平均值（60～90天）更早就能夠收到客戶的貨款（變成現金）。也就是說，這三家公司的產品或服務都有過人之處，才會讓他們的客戶願意提早給他們貨款，以取得這些公司的產品或服務。身為投資人的我們，這種狀況暗示著我們可以花更多的心力，關注這些擁有優異產品或服務的上市櫃公司。

　　巨大的平均收現日數平均是68.6天，也算是排在平均值的前面。但大立光的平均收現日數81.29天，用常識來判斷，代表這家公司的應收帳款管理能力，還有很大的進步空間。

　　除了與各公司進行比較之外，財務報表的數字也可以自我比較，尤其是平均收現日數這個數字，需要看五年的表現情況。一般公司如果經營穩健，平均收現日數會相當穩定，不會有太大起伏；如果每一年都能逐步改善，就更完美了。

看穿塞貨假交易的訣竅

少部份心術不正的上市櫃公司老闆，為了增加業績（美化損益表的獲利狀況），常常會在海外開分公司進行塞貨的假交易，這個時候仔細觀察平均收現日數的指標就相當重要。

進行假交易的時候，首先會在損益表上看到營收大幅成長，接著淨利也會大幅成長。

圖表 3-6 假交易會產生營收，但無法真正變成現金

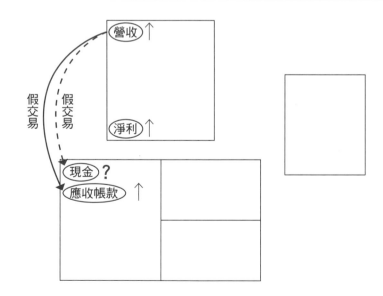

但因為這些人工創造出來的營收，都是源自海外紙上公司之間進行的假交易，所以銷售出去的貨款，無法真正變成現金回來。因此這家公司的「現金與約當現金」會計科目，並不會大幅的增加。最後，為了符合借貸平衡的會計規則，這些假交易只能在「應收帳款」這個會計科目上動手腳（如圖表3-6）。

所以心術不正、喜歡創造人工假收入的公司，他們的財務報表會有以下五項明顯的特徵：

1. 營收會有大幅成長的假象。

2. 稅後淨利也會大幅成長。

3. 但現金並不會等比例地大幅成長，因為這些銷售額都是假的。

4. 所以，應收帳款這個科目的金額會大幅成長。

5. 相對應的，平均收現日數會越拖越長。

也就是說，當您看到一家公司最近五個年度的平均收現日數不斷變長，例如從60天變成70天、80天，然後惡化到100天，這時候您應該要提高警覺，並思考：是不是這家公司有嚴重的作假帳問題，或是有特殊的呆帳問題？

因為一般正常經營公司的平均收現日數，通常都是相對穩定且上下波動不到5％，經營能力表現更棒的公司，則會呈現逐步縮小的趨勢。

圖表 3-7 六家公司近五年的平均收現日數

單位：天數

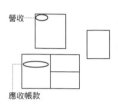

大立光 3008	2011年	2012年	2013年	2014年	2015年
	68.48	92.63	89.02	80.39	81.29

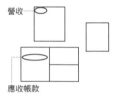

台積電 2330	2011年	2012年	2013年	2014年	2015年
	35.09	33.15	40.06	44.95	43.60

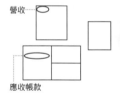

中碳 1723	2011年	2012年	2013年	2014年	2015年
	25.17	26.83	28.74	26.25	31.46

統一超 2912	2011年	2012年	2013年	2014年	2015年
	N／A	N／A	7.38	7.29	7.5

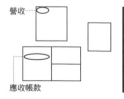

巨大 9921	2011年	2012年	2013年	2014年	2015年
	87.11	82.57	70.19	66.12	68.60

圖表 3-7 六家公司近五年的平均收現日數 （續）

鴻海 2317	2011年	2012年	2013年	2014年	2015年
	48.92	55.81	64.26	66.24	55.98

營收

應收帳款

※IFRS於2013年全面導入上路，故2011／2012年各公司財報的數據不適用，僅
條列出來供參考，順便提醒您財報要看5年唷！

由圖表3-7的六家公司近五年平均收現日數可以看出，大部分經營
穩定的公司，在這個指標的表現相對穩健，而且最近五年度的波動幅度
不會太大。應收帳款經營能力表現的好公司，會在平均收現日數呈現逐
步縮小的趨勢。

其中，中碳這家公司和一般人的常識想像不太一樣。這是一家傳產
公司，主要產品是柏油與瀝青，但他們的應收帳款收款能力表現相當優
異，五年平均不到30天（雖然在2015年度有小幅衰退），甚至比績優生
台積電（最近五年度的平均收現日數大約為40天上下）表現得更亮眼。

透過這些簡單的分析，相信您現在對平均收現日數的觀念就會相當
清晰了。

存貨週轉率

　　一家公司的經營能力，主要是看公司所擁有的資產，一年能夠幫公司做幾趟生意，越多趟越好。除了前面所介紹的「應收帳款」這個資產之外，公司擁有的第二個做生意重要的資產是「存貨」。

　　這個指標會出現在公開資訊觀測站五大財務比率分析的「經營能力」（翻桌率，越多趟越好），它的公式與對應的立體財務報表位置如圖表3-8。

圖表 3-8　存貨週轉率與平均銷貨日數定義

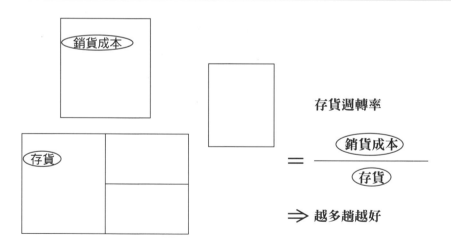

$$存貨週轉率 = \frac{銷貨成本}{存貨}$$

$$\Rightarrow 越多趟越好$$

平均銷貨日數（平均在庫天數）

$$= 365天 / 存貨週轉率$$

　　第一個公式叫做「存貨週轉率」，代表存貨這個資產一年幫公司做了幾趟生意，越多趟越好。

　　跟應收帳款這個資產一樣，存貨週轉率除了有越多趟越好的「趟數」觀念，還有一個「天數」的觀念，也就是所謂的平均銷貨日數（平均在庫天數）。

　　平均銷貨日數，指的是這些存貨平均在公司的倉庫待了多少天才賣出去。這個觀念應該非常好理解，因為存貨在倉庫待的時間，當然是越少天越好；在庫天數越短，代表該公司的產品越暢銷。

　　這兩個指標會在公開資訊觀測站五大財務比率分析的「經營能力」（翻桌率，越多趟越好）區塊中，如圖表3-9紅框標示。

圖表 3-9 存貨週轉率與平均銷貨日數在報表中的位置

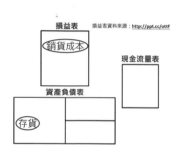

損益表資料來源：http://ppt.cc/ottF

資產負債表資料來源：http://ppt.cc/gfVFN

年份	2013	2014	2015
現金與約當現金 (佔總資產%)	34.97	39.5	46.7
應收帳款 (佔總資產%)	17.07	21.3	13.3
存貨 (佔總資產%)	6.97	5.8	4.4
流動資產 (佔總資產%)	69.43	73.4	73.2
總資產 (佔總資產%)	100	100	100
應付帳款 (佔總資產%)	6.49	8.2	3.4
流動負債 (佔總資產%)	20.97	24.2	24.4
長期負債 (佔總資產%)	0.19	0.12	0.1
股東權益 (佔總資產%)	78.84	75.7	75.5
總負債＋股東權益 (佔總資產%)	100	100	100

類別	財務比率 ＼ 年份	2013	2014	2015
財務結構	負債佔資產比率(%)	21.15	24.33	24.53
	長期資金佔不動產/廠房及設備比率(%)	310.65	337.2	315.48
償債能力	流動比率(%)	331.1	303.11	299.6
	速動比率(%)	296.42	278.49	280.68
經營能力	應收款項週轉率(次)	4.1	4.54	4.49
	平均收現日數	89.02	80.39	81.29
	存貨週轉率(次)	5.54	6.83	6.55
	平均銷貨日數 (平均在庫天數)	65.88	53.44	55.72
	不動產/廠房及設備週轉率(次)	2.8	3.9	3.3
	總資產週轉率(次)	0.71	0.92	0.77
獲利能力	資產報酬率(%) RoA	27.53	39.01	33.31
	權益報酬率(%) RoE	35.95	50.72	44.09
	稅前純益佔實收資本比率(%)	857.37	1711.9	2,173.8
	營業毛利率(%) ①	47.25	53.52	57.38
	營業利益率(%) ②	39.3	45.99	49.5
	經營安全邊際率 %=②/① 愈大愈好	83.17	85.93	86.27
	純益率(%) ＝ 淨利率	35.03	42.43	43.24
	每股盈餘(元)	71.64	144.91	180.08
	稅後淨利 單位:百萬元	9,610	19,438	24,157
現金流量	現金流量比率(%)	139.56	133.18	142.45
	現金流量允當比率(%)	144.25	171.43	202.16
	現金再投資比率(%)	24.33	29.27	30.78
	營業活動現金流量 (from 損益表) 單位:百萬元	11,300	19,688	29,241
	投資活動現金流量 (from B/S左邊) 單位:百萬元	(5,160)	(5,472)	(7,199)
	理財活動現金流量 (from B/S右邊) 單位:百萬元	(2,302)	(3,719)	(6,870)

接下來，透過整理財報的數據（如圖表3-10），我們簡單分析上述六家公司在「存貨」這個資產的個別經營能力。

圖表 3-10 六家公司的存貨週轉率與平均銷貨日數

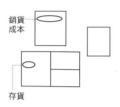

大立光 3008	經營能力	2011年	2012年	2013年	2014年	2015年
	存貨週轉率（次數）	21.39	18.89	5.54	6.83	6.55
	平均銷貨日數（在庫天數）	17.06	19.32	65.88	53.44	55.72

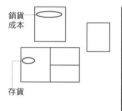

台積電 2330	經營能力	2011年	2012年	2013年	2014年	2015年
	存貨週轉率（次數）	9.61	9.13	8.39	7.42	6.49
	平均銷貨日數（在庫天數）	37.98	39.97	43.5	49.19	56.24

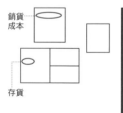

中碳 1723	經營能力	2011年	2012年	2013年	2014年	2015年
	存貨週轉率（次數）	18.20	14.40	16	14.8	9.75
	平均銷貨日數（在庫天數）	20.05	25.34	22.81	24.66	37.43

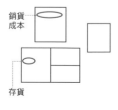

統一超 2912	經營能力	2011年	2012年	2013年	2014年	2015年
	存貨週轉率（次數）	25.62	22.07	13.2	13.31	12.47
	平均銷貨日數（在庫天數）	14.24	16.53	27.65	27.42	29.27

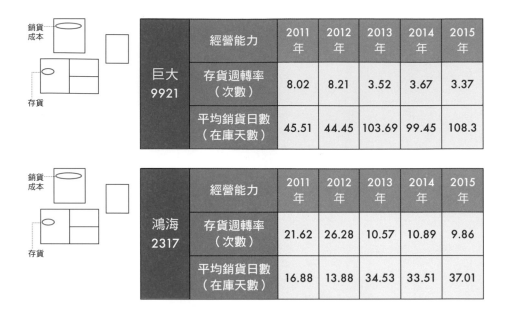

	經營能力	2011年	2012年	2013年	2014年	2015年
巨大 9921	存貨週轉率（次數）	8.02	8.21	3.52	3.67	3.37
	平均銷貨日數（在庫天數）	45.51	44.45	103.69	99.45	108.3

	經營能力	2011年	2012年	2013年	2014年	2015年
鴻海 2317	存貨週轉率（次數）	21.62	26.28	10.57	10.89	9.86
	平均銷貨日數（在庫天數）	16.88	13.88	34.53	33.51	37.01

※IFRS於2013年全面導入上路，故2011／2012年各公司財報的數據不適用，僅條列出來供參考，順便提醒您財報要看5年唷！

●大立光的存貨經營能力

　　由圖表3-10看出，大立光的存貨週轉率，在2013年只有5.54趟／年，逐步提升至2015年全年存貨做了6.55趟，三年之間存貨的經營能力提升了18％。這個優異的表現，也可以從大立光的平均銷貨日數（在庫天數）由2013年的65.88天，縮短到2015年的55.72天，此數據表現也與報章雜誌刊載的新聞相符合：大立光的光學鏡頭熱銷，營收逐步創新高。

●台積電的存貨經營能力

台積電的存貨週轉率由2013年的8.39趟／年，到2015年的6.49趟，呈現每年逐步下滑的狀況。另外平均銷貨日數也由2013年的43.5天，下滑到56.2天的在庫天數。

如果是在一般的傳統企業（產品推陳出新的速度與技術進步的速度比較緩慢）看到這種數據，可判斷該公司表現不佳，但這種存貨管理逐步下滑的狀況，在台積電就需從不同的角度解釋。

台積電屬於高度資本密集的行業，且晶圓製程進步快速，在晶圓代工的行業中，一個完整的晶圓代工製造週期通常超過100天。所以遇到特殊的行業別時，不能單純只看個別公司的數據表現，必須和行業的平均表現進行進一步的分析。

以晶圓代工行業製程（從原料投入到產品完成所需要的時間）超過100天相比，台積電最近三個年度的平均在庫天數約為50天上下，在存貨的管理績效上，算是表現相當優異的公司，因為它的在庫天數只有業界的50％，代表台積電生產線上的每個產品，在尚未完成前的50天，便成功售出了。

●中碳的存貨經營能力

中碳的存貨週轉率由2013年的16趟，逐步下滑至2015的9.75趟。若

以傳統產業（產品穩定、技術變化不大）的角度來分析，其實中碳的存貨經營能力表現呈現逐步下滑的趨勢；這也可以從該公司的平均銷貨日數（平均在庫天數）看出端倪，分別由2013年的22.8天，逐步下滑至2015年的37.4天。

但好消息是，以一般的傳統產業而言，存貨的在庫天數如果小於40天，通常都算是非常強勢與熱銷的產品。不過，既然趨勢是呈現下滑，該公司的管理階層仍應採取適當措施，針對存貨管理進行改善。

如果我是這一家公司的投資人，我可能仍會持續投資，但假使該公司的存貨在庫天數，在往後幾年又逐步下滑到超過50天，則代表管理階層沒有用心經營，可能就不再適合投資了喔！

●統一超商的存貨經營能力

統一超商的存貨經營能力相當穩健，近三年呈現存貨平均每年能幫公司做上13趟的生意，且平均30天以內，就能將存貨銷售出去。便利商店屬於交易金額小但銷售快速的經營模式，所以筆者通常以30天為個人投資經驗的比較基準。

1. 任何一家公司的存貨能夠在30天以內銷售出去，代表這家公司的表現非常、非常優異，屬於投資人追求的夢幻型公司。例如每一代產品都熱銷的蘋果公司，2015年的存貨在庫天數為5.7天。

2. 如果存貨的平均在庫天數介於30到50天，通常屬於流通業的模範生
   （例如7-11、COSTCO、Walmart等），或是擁有熱銷產品的品牌公
   司（例如UNIQLO），不然就是代表存貨管理能力相當優異的公司
   （例如鴻海、中碳等）。

3. 如果存貨平均50～80天可以賣出，也算經營能力不錯的公司。

4. 平均銷貨日數介於80～100天的行業，多屬於B2B的行業。

5. 平均銷貨日數介於100～150天，多屬於工業性（如工業電腦）或原物
   料（如鋼鐵、石油……等）產品的行業，其需求比較不旺盛，或是客
   戶久久才會下單一次。

6. 平均銷貨日數大於150天，則代表該公司經營能力不佳，或是該公司
   屬於比較特殊的行業。例如造船公司的存貨在庫天數，通常大於250
   天；飛機製造公司的庫存通常大於300天；精品業的Tiffany，庫存天
   數大約400天以上；房地產公司的庫存天數，1000～5000天都很正
   常，因有買地、變更、規劃建案、設計圖發包、開工、打地基、蓋
   樓、完工……等複雜的過程。

　　所以，財務報表上面的數據，除了自己與自己比較之外，還必須與
行業的平均值比較才能看出數字背後真正的意義。

●巨大的存貨經營能力

巨大公司的存貨管理近三年的表現相當平穩，平均存貨一年幫公司做了3.5趟左右的生意。平均在庫天數在100天左右，這個天數也符合自行車行業的市場需求，因為腳踏車產品不像7-11便利商店的產品，客戶不會天天都上門消費，所以該公司的存貨近三年大約都在100天左右才銷售出去。

●鴻海的存貨經營能力

鴻海的存貨平均一年幫公司做了10趟生意，在庫天數平均為35天左右。這個數字非常接近流通業7-11的數據，代表鴻海的存貨經營能力極為優秀。這也是為什麼國外的媒體報導，都說亞洲的製造經營能力非常優異，這一點從鴻海的存貨經營能力，便可看出端倪。

做生意的完整週期

現在您已經有了應收帳款與存貨經營能力（翻桌率、越多趟越好）的觀念，接下來把這兩個觀念放在一起，就能發現一般人閱讀財務報表所缺少的極重要觀念：做生意的完整週期。

圖表3-11 做生意的完整週期示意圖

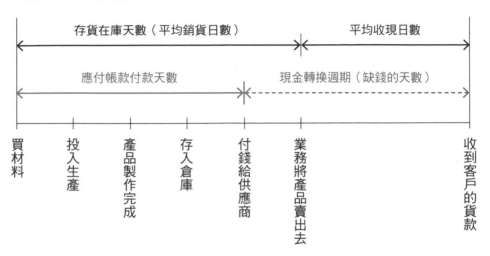

做生意的完整週期，指的是一家公司從購買原物料開始、投入生產，到產品製作完成變成庫存、存入倉庫，過程中要付錢給供應商，以及公司的銷售人員將存貨賣出去，到最後收到客戶的貨款，所經歷的一個完整週期，如圖表3-11所示。

做生意的完整週期＝存貨在庫天數（平均銷貨日數）＋ 平均收現日數

上圖下方的紅色線，第一條紅線代表的是買完材料之後付錢給供應商過程中所需的天數，專業名詞叫「應付帳款付款天數」；第二條虛線叫做現金轉換週期，中翻中叫做「缺錢的天數」。

　　一家公司從買材料到投入生產，到產品製作完成放入倉庫，再到業務同仁賣出產品，最後公司收到客戶貨款，這一整個流程就叫「做生意完整的週期」（＝存貨在庫天數＋平均收現日數）。

　　在整個做生意完整的週期當中，如果所需要的一切所有資金，都是由公司自己負擔，那在經營上將會非常吃力。所以在經營過程中，我們還可以借力使力：善用供應商給我們的付款天數優惠，例如貨到60天才付款。這等於是供應商免費借錢給我們60天做生意，所以公司通常都會要求供應商提供一定天數的應付帳款交易，等於是買方要求供應商免費提供多幾天的資金讓他們做生意。

　　做生意的完整週期扣除「應付帳款付款天數」之後，就是一家公司至少需要準備這麼多天的錢，才能持續經營下去，專業名詞叫「現金轉換週期」。筆者把它中翻中，叫做「缺錢的天數」，這樣大家會比較容易理解。

　　透過學理的推導，上下線條的天數會相等，換句話說：

　　做生意的完整週期

　＝ 存貨在庫天數（平均銷貨日數）＋平均收現日數

　＝ 應付帳款付款天數＋缺錢的天數（現金轉換週期）

圖表 3-12 做生意的完整週期在報表中的位置

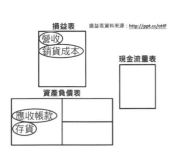

損益表資料來源：http://ppt.cc/ottF

資產負債表資料來源：http://ppt.cc/gfVFN

年份→	2013	2014	2015
現金與約當現金 (佔總資產%)	34.97	39.5	46.7
應收帳款 (佔總資產%)	17.07	21.3	13.3
存貨 (佔總資產%)	6.97	5.8	4.4
流動資產 (佔總資產%)	69.43	73.4	73.2
總資產 (佔總資產%)	100	100	100
應付帳款 (佔總資產%)	6.49	8.2	3.4
流動負債 (佔總資產%)	20.97	24.2	24.4
長期負債 (佔總資產%)	0.19	0.12	0.1
股東權益 (佔總資產%)	78.84	75.7	75.5
總負債+股東權益 (佔總資產%)	100	100	100

類別	財務比率 　　　　年份	2013	2014	2015
財務結構	負債佔資產比率(%)	21.15	24.33	24.53
	長期資金佔不動產/廠房及設備比率(%)	310.65	337.2	315.48
償債能力	流動比率(%)	331.1	303.11	299.6
	速動比率(%)	296.42	278.49	280.68
經營能力	應收款項週轉率(次)	4.1	4.54	4.49
	平均收現日數	89.02	80.39	81.29
	存貨週轉率(次)	5.54	6.83	6.55
	平均銷貨日數 (平均在庫天數)	65.88	53.44	55.72
	不動產/廠房及設備週轉率(次)	2.8	3.9	3.3
	總資產週轉率(次)	0.71	0.92	0.77
獲利能力	資產報酬率(%)　RoA	27.53	39.01	33.31
	權益報酬率(%)　RoE	35.95	50.72	44.09
	稅前純益佔實賣收資本率(%)	857.37	1711.9	2,173.8
	營業毛利率(%) ①	47.25	53.52	57.38
	營業利益率(%) ②	39.3	45.99	49.5
	經營安全邊際率 %=②/① 愈大愈好	83.17	85.93	86.27
	純益率(%) = 淨利率	35.03	42.43	43.24
	每股盈餘(元)	71.64	144.91	180.08
	稅後淨利 單位:百萬元	9,610	19,438	24,157
現金流量	現金流量比率(%)	139.56	133.18	142.45
	現金流量允當比率(%)	144.25	171.43	202.16
	現金再投資比率(%)	24.33	29.27	30.78
	營業活動現金流量 (from 損益表)　單位:百萬元	11,300	19,688	29,241
	投資活動現金流量 (from B/S左邊)　單位:百萬元	(5,160)	(5,472)	(7,199)
	理財活動現金流量 (from B/S右邊)　單位:百萬元	(2,302)	(3,719)	(6,870)

兩者相加＝做生意的完整週期

圖表 3-13 三家公司的平均收現日數與與在庫天數

		2013年	2014年	2015年
統一超	平均收現日數	7.4	7.3	7.5
	平均在庫天數（平均銷貨日數）	27.7	27.4	29.3

沃爾瑪		2013年	2014年	2015年
	平均收現日數	5.0	5.0	4.6
	平均在庫天數 （平均銷貨日數）	45.1	44.4	44.7

COSTCO 好市多		2013年	2014年	2015年
	平均收現日數	6.2	5.8	3.7
	平均在庫天數 （平均銷貨日數）	30.9	30.9	30.9

　　有了這個觀念後，我們從公開資訊觀測站中的五大財務比率分析之中，取得我們所需要的資料（如圖表3-12紅框處所示），並將下列三家公司財報中的這些數字，用「做生意完整週期」的方式進行分析比較，彙整成圖表3-13，您就更容易瞭解了。

　　由圖表3-13可以看出，以2015年年報數據為例，統一超商平均36.8天就可以完成一個做生意的週期，沃爾瑪做生意的完整週期約為49.3天，好市多做生意的完整週期為34.6天。

　　其中，好市多在台灣的各分店，幾乎天天都是大排長龍，內湖分店還讓台北市交通局為了解決內湖交通擁塞的狀況，在2016年3月公告：自3月12日起，內湖好市多停車場滿場時，禁止車輛占用車道排隊，否則將驅離取締。

　　所以，您可以將做生意完整週期小於35天，當做是一家經營能力非常優異的公司的標誌，就像好市多平均34.6天，便可以完成一個做生意的完整週期。

　　假設這三家公司向供應商進貨所需之應付帳款，平均在60天後才需要付款（應付帳款付現天數＝60天）。再搭配前面提到的觀念：

做生意的完整週期

＝ 存貨在庫天數（平均銷貨日數）＋平均收現日數

＝ 應付帳款付款天數＋缺錢的天數（現金轉換週期）

則它們做生意的完整週期，如圖表3-14所示，分別是：

統一超做生意的完整週期

＝ 存貨在庫天數＋平均收現日數

＝ 29.3＋7.5＝36.8天

＝ 應付帳款付款天數＋缺錢的天數

＝ 60＋（23.2）＝36.8天

沃爾瑪做生意的完整週期

＝ 存貨在庫天數＋平均收現日數

＝ 44.7＋4.6＝49.3天

＝ 應付帳款付款天數＋缺錢的天數

＝ 60＋（10.7）＝49.3天

好市多做生意的完整週期

＝ 存貨在庫天數＋平均收現日數

＝ 30.9＋3.7＝34.6天

＝ 應付帳款付款天數＋缺錢的天數

＝ 60＋（25.4）＝34.6天

圖表 3-14 三家公司做生意的完整週期

統一超　2015年度做生意的完整週期

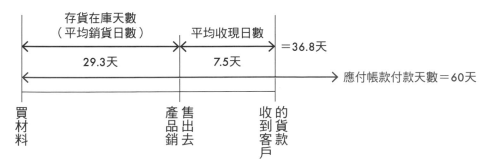

沃爾瑪　2015年度做生意的完整週期

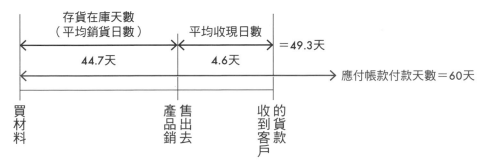

好市多　2015年度做生意的完整週期

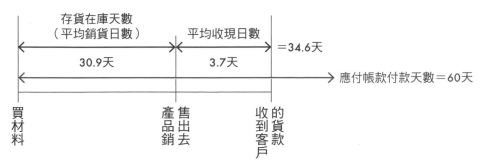

好公司的共通實力

從這個簡單的分析，可以歸納出這三家公司都有幾個共通性：

1. 做生意的完整週期都非常的短，全部都不到50天就能做一趟生意。其中應付帳款付款天數我們假設都是60天，所以這三家公司不用錢就可以做生意了——因為缺錢的天數是負的，其中統一超缺錢的天數是負23.2天、沃爾瑪是負10.7天、好市多是負25.4天，代表這三家公司不缺錢，只要靠供應商給的60天付款條款就能做生意了。

2. 更棒的是，這三家公司都是天天收現金（前面已經提到，理論上這三家公司不用任何資金，就能做生意了）。

3. 它們又是生活必需的行業，擁有業績成長的高頻消費與剛性需求。

以上三點，就是華倫巴菲特最喜歡投資公司的特性：簡單易懂的生意模式，加上擁有長期穩定的獲利能力等特色，所以這兩家公司也是華倫・巴菲特的核心持股之一（見圖表3-15）。

圖表 3-15 巴菲特持股的流通業公司

持股公司	市值	持股佔被投資公司比率
Wal-Mart Stores	9億美金	0.42%
Costco Wholesale Corporation	6.6億美金	1.00%

資料來源：September 30, 2016 as reported in Berkshire Hathaway's 13-F filing on November 14, 2016.

其中，巴菲特的合夥人查理‧蒙格，更是這樣稱讚好市多：「這是一家我進棺材之後，還想繼續投資的公司。」因為好市多同時具備以下六大特色：

1. 做生意的完整週期不到40天。

2. 缺錢的天數是負的，代表以該公司目前的規模，不需要任何資金也能夠繼續經營生意。

3. 天天都收現金。

4. 不管景氣如何變化，都有現金能夠持續經營下去。

5. 業績持續創新高，全球分店天天生意興隆，再加上採用低價、高品質的精品銷售策略，滿足消費者的日常剛需與高頻的消費需求。

6. 具備長期穩定獲利能力等特色。

除了個別公司的分析外，透過「做生意完整週期」的觀念，也可以分析同業之間的表現，接下來我們來看看蘋果公司與宏達電的表現（詳見圖表3-16）。

圖表 3-16 蘋果與宏達電做生意的完整週期

蘋果　2015年度做生意的完整週期

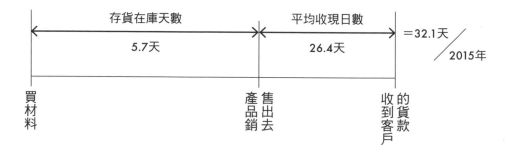

宏達電　2015年度做生意的完整週期

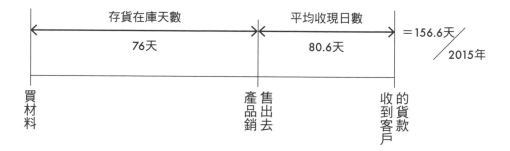

●產品熱銷程度比較

蘋果平均5.7天賣出（熱銷）VS. 宏達電平均76天賣出（不太暢銷）

●對客戶應收帳款的管理能力比較

蘋果平均26.4天收款（代表公司對客戶與終端用戶的強勢）VS. 宏
達電平均80.6天收款（代表公司對客戶與終端用戶的弱勢）

兩家公司一對比，就知道雙方的經營實力差距非常大。

總資產的整體經營能力

公司的經營能力，除了看「應收帳款」與「存貨」這兩個資產的管
理能力之外，還必須看一家公司總資產的整體經營能力。總資產週轉率
（翻桌率）的公式如下所示。

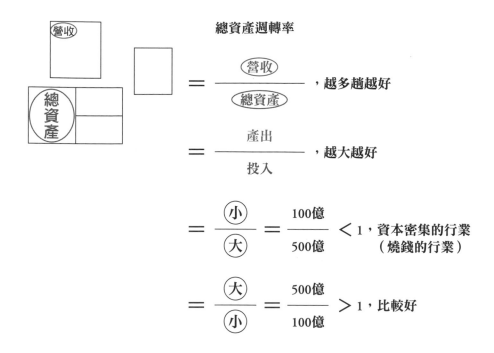

　　總資產週轉率代表一家公司的總資產在實際經營的運用中是否有效率，它就像是餐廳的翻桌率，當然是越多趟越好。

　　所以一般公司的總資產週轉率（翻桌率）都會大於1，如上面公式中舉的例子，假設某家公司需要投資100億的總資產才能夠經營事業，同時他們一年可以做500億的生意，代表總資產的翻桌率為5趟，越多趟越好。

　　傳統製造業尤其需要注重總資產週轉率，因為本身行業的毛利率不高，在市場上能賺到的利潤不高，所以必須有效運用公司投入的總資產

來創造營收（否則會有太多的資產閒置在公司沒有運用），故一般傳統產業的總資產週轉率（翻桌率）通常會大於1。

如果是流通業或是快時尚的行業，這些行業的利潤來源，主要是來自於讓商品快速流動，才能創造出利潤，他們公司的總資產週轉率通常會大於2。

換句話說，總資產週轉率介於1～2之間，都是營運正常的公司。如果一家公司的總資產週轉率越往1靠近，代表他們公司的總資產經營能力算是普通；如果這個數字接近2，而且他們不是所謂的流通業或是快時尚行業，代表這家公司的經營能力非常的優秀。例如郭台銘先生領軍的鴻海集團，2015年度的總資產週轉率高達1.88趟／年，非常接近於2的水準，堪比流通業或是快時尚行業，代表鴻海的經營能力極佳。

另一種情況則是總資產週轉率小於1，小於1代表的是「分子小、分母大」。例如在上圖的公式中，一家公司必須投入500億的總資產，該年度卻只能帶來100億的營收，所以總資產週轉率只有0.2趟／年。

所以，總資產週轉率＜1，代表這家公司是資本密集或是奢侈品的行業，中翻中叫做：燒錢的行業。哪些行業屬於資本密集行業呢？底下是幾個例子。

- 天上飛的飛機
- 地上跑的高鐵／火車／汽車
- 水上駛的船舶
- 金銀銅鐵鋼與石油等原物料產業
- 科技行業的面板、DRAM與半導體行業

這些行業都是屬於資本密集（燒錢）的行業。燒錢的行業並不可怕，可怕的是明明在燒錢，手上卻沒有錢。如果是這種情況，公司在景氣突然變化或反轉時，很容易發生危機。

您用常識就可以理解。就像一個人常常進出燒錢的場所（例如酒店、KTV），但身上永遠都只有500元，您覺得這樣持續下去他會出事嗎？答案應該是肯定的！

所以，將來當您看到任何一家財務報表的總資產週轉率小於1，請馬上把它中翻中，告訴自己：這是一家資本密集（燒錢）的公司，然後立刻去看這家公司的現金佔總資產是否大於25％。因為它屬於資本密集的公司，所以手上的現金當然越多越好，這樣才有能力抵擋景氣波動造成的現金風險。

這些數字會出現在公開資訊觀測站的五大財務比率分析「經營能力」中，如圖表3-17紅框所示。

圖表 3-17 資本密集的公司應注意的三個指標

損益表資料來源：http://ppt.cc/ottF

資產負債表資料來源：http://ppt.cc/gfVFN

年份→	2013	2014	2015
現金與約當現金 (佔總資產%)	34.97	39.5	46.7
應收帳款 (佔總資產%)	17.07	21.3	13.3
存貨 (佔總資產%)	6.97	5.8	4.4
流動資產 (佔總資產%)	69.43	73.4	73.2
總資產 (佔總資產%)	100	100	100
應付帳款 (佔總資產%)	6.49	8.2	3.4
流動負債 (佔總資產%)	20.97	24.2	24.4
長期負債 (佔總資產%)	0.19	0.12	0.1
股東權益 (佔總資產%)	78.84	75.7	75.5
總負債+股東權益 (佔總資產%)	100	100	100

類別	財務比率　　　　年份	2013	2014	2015
財務結構	負債佔資產比率(%)	21.15	24.33	24.53
	長期資金佔不動產/廠房及設備比率(%)	310.65	337.2	315.48
償債能力	流動比率(%)	331.1	303.11	299.6
	速動比率(%)	296.42	278.49	280.68
經營能力	應收款項週轉率(次)	4.1	4.54	4.49
	平均收現日數 ③	89.02	80.39	81.29
	存貨週轉率(次)	5.54	6.83	6.55
	平均銷貨日數 (平均在庫天數)	65.88	53.44	55.72
	不動產、廠房及設備週轉率(次)	2.8	3.9	3.3
	總資產週轉率(次) ①	0.71	0.92	0.77
獲利能力	資產報酬率(%) RoA	27.53	39.01	33.31
	權益報酬率(%) RoE	35.95	50.72	44.09
	稅前純益佔實收資本比率(%)	857.37	1711.9	2,173.8
	營業毛利率(%) ①	47.25	53.52	57.38
	營業利益率(%) ②	39.3	45.99	49.5
	經營安全邊際率 %=②/① 愈大愈好	83.17	85.93	86.27
	純益率(%) = 淨利率	35.03	42.43	43.24
	每股盈餘(元)	71.64	144.91	180.08
	稅後淨利 單位:百萬元	9,610	19,438	24,157
現金流量	現金流量比率(%)	139.56	133.18	142.45
	現金流量允當比率(%)	144.25	171.43	202.16
	現金再投資比率(%)	24.33	29.27	30.78
	營業活動現金流量 (from 損益表) 單位:百萬元	11,300	19,688	29,241
	投資活動現金流量 (from B/S右邊) 單位:百萬元	(5,160)	(5,472)	(7,199)
	理財活動現金流量 (from B/S右邊) 單位:百萬元	(2,302)	(3,719)	(6,870)

＜1，代表這是一家資本密集（燒錢）的行業

　　您在閱讀報表時，如果看到一家公司的總資產週轉率小於1時，請務必同時觀看①、②、③這三個重要指標：

① 總資產週轉率＜1，代表它是燒錢的公司，必須馬上確定該公司手上有沒有錢。

②　因此要接著看②，它的現金佔總資產比率最好要高於25％，氣才會長。如果未達這個標準，手上缺乏現金，那我們至少要確保這家公司能夠天天收現金。

③　所以要看③，如果平均收現日數＜15天，通常就代表它是天天收現金（現金交易）的公司。

資本密集公司的經營能力分析

接下來我們運用這三個指標，來看看幾家資本密集公司的實際財務報表。

大立光

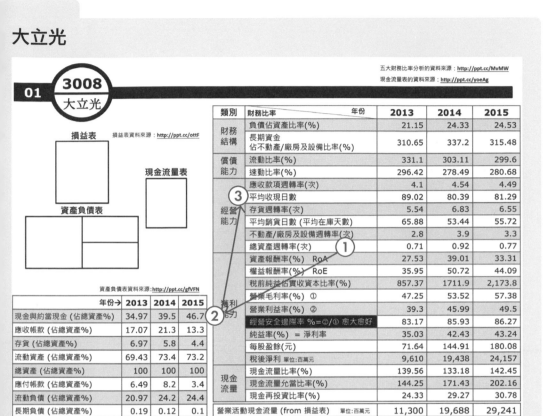

五大財務比率分析的資料來源：http://ppt.cc/MvMW
現金流量表的資料來源：http://ppt.cc/yoeAg

01 3008 大立光

損益表　損益表資料來源：http://ppt.cc/ottF

現金流量表

資產負債表

資產負債表資料來源：http://ppt.cc/gfVFN

類別	財務比率　　　　　年份	2013	2014	2015
財務結構	負債佔資產比率(%)	21.15	24.33	24.53
	長期資金佔不動產/廠房及設備比率(%)	310.65	337.2	315.48
償債能力	流動比率(%)	331.1	303.11	299.6
	速動比率(%)	296.42	278.49	280.68
經營能力	應收款項週轉率(次)	4.1	4.54	4.49
	平均收現日數	89.02	80.39	81.29
	存貨週轉率(次)	5.54	6.83	6.55
	平均銷貨日數 (平均在庫天數)	65.88	53.44	55.72
	不動產/廠房及設備週轉率(次)	2.8	3.9	3.3
	總資產週轉率(次)	0.71	0.92	0.77
獲利能力	資產報酬率(%)　RoA	27.53	39.01	33.31
	權益報酬率(%)　RoE	35.95	50.72	44.09
	稅前純益佔實收資本比率(%)	857.37	1711.9	2,173.8
	營業毛利率(%) ①	47.25	53.52	57.38
	營業利益率(%) ②	39.3	45.99	49.5
	經營安全邊際率 %=②/① 愈大愈好	83.17	85.93	86.27
	純益率(%) = 淨利率	35.03	42.43	43.24
	每股盈餘(元)	71.64	144.91	180.08
	稅後淨利 單位:百萬元	9,610	19,438	24,157
現金流量	現金流量比率(%)	139.56	133.18	142.45
	現金流量允當比率(%)	144.25	171.43	202.16
	現金再投資比率(%)	24.33	29.27	30.78
	營業活動現金流量 (from 損益表) 單位:百萬元	11,300	19,688	29,241
	投資活動現金流量 (from B/S左邊) 單位:百萬元	(5,160)	(5,472)	(7,199)
	理財活動現金流量 (from B/S右邊) 單位:百萬元	(2,302)	(3,719)	(6,870)

年份→	2013	2014	2015
現金與約當現金 (佔總資產%)	34.97	39.5	46.7
應收帳款 (佔總資產%)	17.07	21.3	13.3
存貨 (佔總資產%)	6.97	5.8	4.4
流動資產 (佔總資產%)	69.43	73.4	73.2
總資產 (佔總資產%)	100	100	100
應付帳款 (佔總資產%)	6.49	8.2	3.4
流動負債 (佔總資產%)	20.97	24.2	24.4
長期負債 (佔總資產%)	0.19	0.12	0.1
股東權益 (佔總資產%)	78.84	75.7	75.5
總負債＋股東權益 (佔總資產%)	100	100	100

① 總資產週轉率近三年都＜1，確實是一家資本密集的公司。

② 現金佔總資產比率，近三年平均大於40%，這家公司的作法正確，非常穩健。

③ 平均收現日數，三年的平均都大於80天，不是屬於收現金的交易。不過該公司手上的現金（指標②）相當充裕，所以不用擔心這個數字。

換句話說，如果該公司的總資產週轉率（指標①）小於1，最安全的情況是該公司的現金佔總資產比率越高越好，因此指標②最重要，指標③居次。

台積電

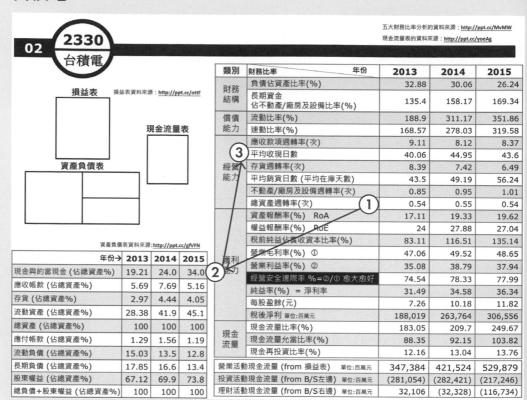

02 2330 台積電

五大財務比率分析的資料來源：http://ppt.cc/MvMW
現金流量表的資料來源：http://ppt.cc/yoeAg

損益表　損益表資料來源：http://ppt.cc/ottF

現金流量表

資產負債表

資產負債表資料來源：http://ppt.cc/gfVFN

年份→	2013	2014	2015
現金與約當現金 (佔總資產%)	19.21	24.0	34.0
應收帳款 (佔總資產%)	5.69	7.69	5.16
存貨 (佔總資產%)	2.97	4.44	4.05
流動資產 (佔總資產%)	28.38	41.9	45.1
總資產 (佔總資產%)	100	100	100
應付帳款 (佔總資產%)	1.29	1.56	1.19
流動負債 (佔總資產%)	15.03	13.5	12.8
長期負債 (佔總資產%)	17.85	16.6	13.4
股東權益 (佔總資產%)	67.12	69.9	73.8
總負債+股東權益 (佔總資產%)	100	100	100

類別	財務比率　　　　　年份	2013	2014	2015
財務結構	負債佔資產比率(%)	32.88	30.06	26.24
	長期資金佔不動產/廠房及設備比率(%)	135.4	158.17	169.34
償債能力	流動比率(%)	188.9	311.17	351.86
	速動比率(%)	168.57	278.03	319.58
經營能力	應收款項週轉率(次)	9.11	8.12	8.37
	平均收現日數	40.06	44.95	43.6
	存貨週轉率(次)	8.39	7.42	6.49
	平均銷貨日數 (平均在庫天數)	43.5	49.19	56.24
	不動產/廠房及設備週轉率(次)	0.85	0.95	1.01
	總資產週轉率(次)	0.54	0.55	0.54
獲利能力	資產報酬率(%) RoA	17.11	19.33	19.62
	權益報酬率(%) ROE	24	27.88	27.04
	稅前純益佔實收資本比率(%)	83.11	116.51	135.14
	營業毛利率(%) ①	47.06	49.52	48.65
	營業利益率(%) ②	35.08	38.79	37.94
	經營安全邊際率 %=②/① 愈大愈好	74.54	78.33	77.99
	純益率(%) = 淨利率	31.49	34.58	36.34
	每股盈餘(元)	7.26	10.18	11.82
	稅後淨利 單位:百萬元	188,019	263,764	306,556
現金流量	現金流量比率(%)	183.05	209.7	249.67
	現金流量允當比率(%)	88.35	92.15	103.82
	現金再投資比率(%)	12.16	13.04	13.76
	營業活動現金流量 (from 損益表) 單位:百萬元	347,384	421,524	529,879
	投資活動現金流量 (from B/S左邊) 單位:百萬元	(281,054)	(282,421)	(217,246)
	理財活動現金流量 (from B/S右邊) 單位:百萬元	32,106	(32,328)	(116,734)

① 總資產週轉率近三年平均是0.55趟／年，是資本密集與技術密集的行業。

② 現金佔總資產比率，2015年提升到34%，規劃非常穩健，代表台積電抵擋景氣意外波動的能力相當強大。

③ 平均收現日數，近三年的平均都大於40天，但因為指標②的數據高達34%，所以指標③表現也相當亮眼，算是好上加好。

茂德

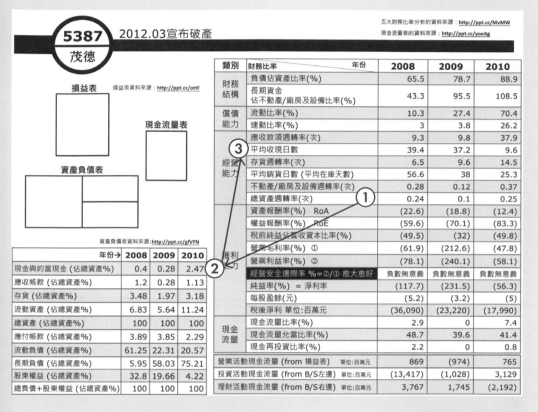

5387 茂德 2012.03宣布破產

五大財務比率分析的資料來源：http://ppt.cc/MvMW
現金流量表的資料來源：http://ppt.cc/yoeAg

損益表資料來源：http://ppt.cc/ottF

| 損益表 | 現金流量表 |
| 資產負債表 |

資產負債表資料來源：http://ppt.cc/gfVFN

年份→	2008	2009	2010
現金與約當現金 (佔總資產%)	0.4	0.28	2.47
應收帳款 (佔總資產%)	1.2	0.28	1.13
存貨 (佔總資產%)	3.48	1.97	3.18
流動資產 (佔總資產%)	6.83	5.64	11.24
總資產 (佔總資產%)	100	100	100
應付帳款 (佔總資產%)	3.89	3.85	2.29
流動負債 (佔總資產%)	61.25	22.31	20.57
長期負債 (佔總資產%)	5.95	58.03	75.21
股東權益 (佔總資產%)	32.8	19.66	4.22
總負債＋股東權益 (佔總資產%)	100	100	100

類別	財務比率　　年份	2008	2009	2010
財務結構	負債佔資產比率(%)	65.5	78.7	88.9
	長期資金佔不動產/廠房及設備比率(%)	43.3	95.5	108.5
償債能力	流動比率(%)	10.3	27.4	70.4
	速動比率(%)	3	3.8	26.2
經營能力	應收款項週轉率(次)	9.3	9.8	37.9
	平均收現日數	39.4	37.2	9.6
	存貨週轉率(次)	6.5	9.6	14.5
	平均銷貨日數 (平均在庫天數)	56.6	38	25.3
	不動產/廠房及設備週轉率(次)	0.28	0.12	0.37
	總資產週轉率(次)	0.24	0.1	0.25
獲利能力	資產報酬率(%)　RoA	(22.6)	(18.8)	(12.4)
	權益報酬率(%)　ROE	(59.6)	(70.1)	(83.3)
	稅前純益佔實收資本比率(%)	(49.5)	(32)	(49.8)
	營業毛利率(%) ①	(61.9)	(212.6)	(47.8)
	營業利益率(%) ②	(78.1)	(240.1)	(58.1)
	經營安全邊際率 %=②/① 愈大愈好	負數無意義	負數無意義	負數無意義
	純益率(%) ＝ 淨利率	(117.7)	(231.5)	(56.3)
	每股盈餘(元)	(5.2)	(3.2)	(5)
	稅後淨利 單位:百萬元	(36,090)	(23,220)	(17,990)
現金流量	現金流量比率(%)	2.9	0	7.4
	現金流量允當比率(%)	48.7	39.6	41.4
	現金再投資比率(%)	2.2	0	0.8
	營業活動現金流量 (from 損益表) 單位:百萬元	869	(974)	765
	投資活動現金流量 (from B/S左邊) 單位:百萬元	(13,417)	(1,028)	3,129
	理財活動現金流量 (from B/S右邊) 單位:百萬元	3,767	1,745	(2,192)

看過兩家好公司之後，接下來我們來看看其他狀況不佳公司的總資產經營能力表現。

① 總資產週轉率近三年＜1，確實屬於資本密集公司。

② 現金佔總資產比率，近三年不到3％，這樣的現金水位安排，對一家資本密集的公司來說非常危險。

③ 那茂德這家公司是不是天天收現金呢？它的平均收現日數，前兩年都大於
30天，最後一年才是收現金。一般經營狀況正常的公司，應收帳款的收款
政策都會相當的穩定，很少有公司這個數據會大幅波動，除非發生以下兩
種情況：

（1）公司轉型發展，由B2B轉向B2C，所以應收帳款的收現日數，才會由
30天轉成收現金（＜15天）的模式。

（2）另一種平均收現日數大幅波動常見的情況則是：公司營運出現危機，
資金不足，需要將存貨立刻變現以延續公司的生命。

茂德公司當時屬於第二種情況。

所以透過①②③指標進行綜合研判後發現，茂德屬於資本密集公司，需
要大量資金才能持續發展下去，結果手上既沒現金，也不屬於天天收現金交易
的行業。即使您有閒錢，真的會願意投資這家公司嗎？

力晶

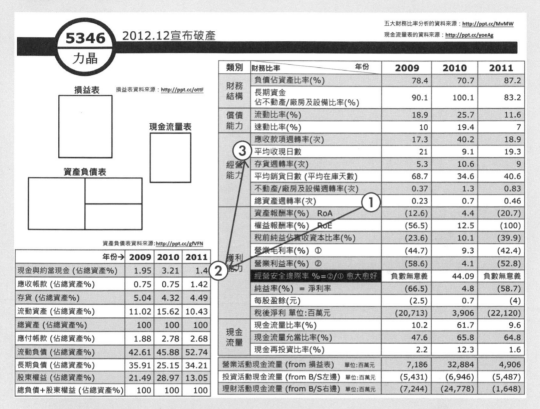

| 5346 力晶 | 2012.12宣布破產 |

損益表　損益表資料來源：http://ppt.cc/ottF

現金流量表

資產負債表

資產負債表資料來源：http://ppt.cc/gfVFN

類別	財務比率　　　　　　年份	2009	2010	2011
財務結構	負債佔資產比率(%)	78.4	70.7	87.2
	長期資金佔不動產/廠房及設備比率(%)	90.1	100.1	83.2
償債能力	流動比率(%)	18.9	25.7	11.6
	速動比率(%)	10	19.4	7
經營能力	應收款項週轉率(次)	17.3	40.2	18.9
	平均收現日數	21	9.1	19.3
	存貨週轉率(次)	5.3	10.6	9
	平均銷貨日數 (平均在庫天數)	68.7	34.6	40.6
	不動產/廠房及設備週轉率(次)	0.37	1.3	0.83
	總資產週轉率(次)	0.23	0.7	0.46
獲利能力	資產報酬率(%)　RoA	(12.6)	4.4	(20.7)
	權益報酬率(%)　RoE	(56.5)	12.5	(100)
	稅前純益佔實收資本比率(%)	(23.6)	10.1	(39.9)
	營業毛利率(%) ①	(44.7)	9.3	(42.4)
	營業利益率(%) ②	(58.6)	4.1	(52.8)
	經營安全邊際率 %=②/① 愈大愈好	負數無意義	44.09	負數無意義
	純益率(%) = 淨利率	(66.5)	4.8	(58.7)
	每股盈餘(元)	(2.5)	0.7	(4)
	稅後淨利 單位:百萬元	(20,713)	3,906	(22,120)
現金流量	現金流量比率(%)	10.2	61.7	9.6
	現金流量允當比率(%)	47.6	65.8	64.8
	現金再投資比率(%)	2.2	12.3	1.6

年份→	2009	2010	2011
現金與約當現金 (佔總資產%)	1.95	3.21	1.4
應收帳款 (佔總資產%)	0.75	0.75	1.42
存貨 (佔總資產%)	5.04	4.32	4.49
流動資產 (佔總資產%)	11.02	15.62	10.43
總資產 (佔總資產%)	100	100	100
應付帳款 (佔總資產%)	1.88	2.78	2.68
流動負債 (佔總資產%)	42.61	45.88	52.74
長期負債 (佔總資產%)	35.91	25.15	34.21
股東權益 (佔總資產%)	21.49	28.97	13.05
總負債+股東權益 (佔總資產%)	100	100	100

	2009	2010	2011
營業活動現金流量 (from 損益表)　單位:百萬元	7,186	32,884	4,906
投資活動現金流量 (from B/S左邊)　單位:百萬元	(5,431)	(6,946)	(5,487)
理財活動現金流量 (from B/S右邊)　單位:百萬元	(7,244)	(24,778)	(1,648)

① 總資產週轉率＜1，確實屬於資本密集公司。

② 現金佔總資產比率＜2%，現金部位過低，非常危險。

③ 平均收現日數介於9～21天，很接近天天收現金交易的情況。但實務上，沒有一家企業可以月月營收創新高。景氣時有波動，產業發展中也常常出現黑天鵝（意料之外的壞事）。原本每天都有穩定的營收現金（現金交易）作為公司日常開銷使用，一旦發生壞事，每日營收所創造的現金會遽降，若此時公司手上又沒有足夠的現金，很容易在這個時候發生財務危機。

興航

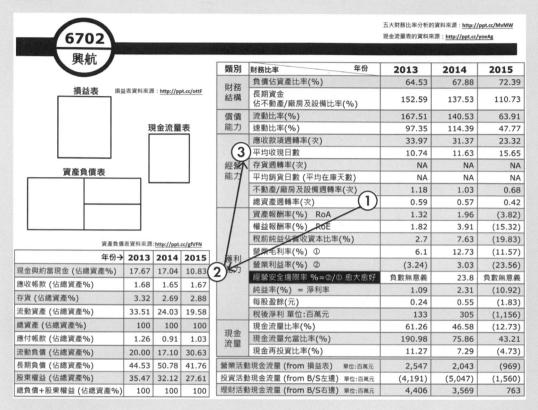

五大財務比率分析的資料來源：http://ppt.cc/MvMW
現金流量表的資料來源：http://ppt.cc/yoeAg

6702
興航

損益表　損益表資料來源：http://ppt.cc/ottF

現金流量表

資產負債表

資產負債表資料來源：http://ppt.cc/gfVFN

類別	財務比率　　　年份	2013	2014	2015
財務結構	負債佔資產比率(%)	64.53	67.88	72.39
	長期資金佔不動產/廠房及設備比率(%)	152.59	137.53	110.73
償債能力	流動比率(%)	167.51	140.53	63.91
	速動比率(%)	97.35	114.39	47.77
經營能力	應收款項週轉率(次)	33.97	31.37	23.32
	平均收現日數	10.74	11.63	15.65
	存貨週轉率(次)	NA	NA	NA
	平均銷貨日數 (平均在庫天數)	NA	NA	NA
	不動產/廠房及設備週轉率(次)	1.18	1.03	0.68
	總資產週轉率(次)	0.59	0.57	0.42
獲利能力	資產報酬率(%)　RoA	1.32	1.96	(3.82)
	權益報酬率(%)　ROE	1.82	3.91	(15.32)
	稅前純益佔實收資本比率(%)	2.7	7.63	(19.83)
	營業毛利率(%) ①	6.1	12.73	(11.57)
	營業利益率(%) ②	(3.24)	3.03	(23.56)
	經營安全邊際率 %=②/① 愈大愈好	負數無意義	23.8	負數無意義
	純益率(%) ＝ 淨利率	1.09	2.31	(10.92)
	每股盈餘(元)	0.24	0.55	(1.83)
	稅後淨利 單位:百萬元	133	305	(1,156)
現金流量	現金流量比率(%)	61.26	46.58	(12.73)
	現金流量允當比率(%)	190.98	75.86	43.21
	現金再投資比率(%)	11.27	7.29	(4.73)
	營業活動現金流量 (from 損益表)　單位:百萬元	2,547	2,043	(969)
	投資活動現金流量 (from B/S左邊)　單位:百萬元	(4,191)	(5,047)	(1,560)
	理財活動現金流量 (from B/S右邊)　單位:百萬元	4,406	3,569	763

年份→	2013	2014	2015
現金與約當現金 (佔總資產%)	17.67	17.04	10.83
應收帳款 (佔總資產%)	1.68	1.65	1.67
存貨 (佔總資產%)	3.32	2.69	2.88
流動資產 (佔總資產%)	33.51	24.03	19.58
總資產 (佔總資產%)	100	100	100
應付帳款 (佔總資產%)	1.26	0.91	1.03
流動負債 (佔總資產%)	20.00	17.10	30.63
長期負債 (佔總資產%)	44.53	50.78	41.76
股東權益 (佔總資產%)	35.47	32.12	27.61
總負債+股東權益 (佔總資產%)	100	100	100

① 總資產週轉率＜1，代表這是一家資本密集的公司。2013到2014年的總資產週轉率穩定在0.59～0.57趟／年，但2015年快速下降到0.42趟／年，代表的是分母（總資產）變大或是分子（營收）變小。此時可以到公開資訊觀測站查詢該公司的損益表資料，得知是分子（營收）變小：

● 2014年全年營收，新台幣132億。

● 2015年全年營收，新台幣106億。

● 主因是該公司發生空難事件，飛安問題影響搭乘意願，造成營收大幅下滑。

另外從資產負債表中，可以看出該公司2014年總資產為257億，2015年總資產為248億，代表該公司在2015年並沒有大幅的資本支出。所以，興航的總資產週轉率在2015年快速下降到0.42的主因，來自於公式中的分子，代表它的營收大幅下滑。

② 現金佔總資產比率僅10.83%，現金部位過低，所以應該馬上看指標③。

③ 興航是不是天天收現金的行業（平均收現日數＜15天）？由數據看起來，它確實是天天收現金的行業。

在天下太平的時候，這樣子安排還可以（天天收現金＋手上只留少少的現金），可是一旦遭受景氣波動、發生飛安事件，或是乘機旅客數大幅下降的情況，這家公司將出現重大危機。

經營能力綜合指標的閱讀順序

　　透過這些真實案例，不厭其煩地重複解析，主要是想要和讀者分享一個重要的觀念：

　　遇到任何資本密集的公司，一定要順著箭頭 2、3 的閱讀方式，才能幫你挑出好公司、避開爛公司。

　　請永遠記得，一旦您不小心投資到爛公司，最後非常可能會變成血本無歸，現金歸零的窘境。

　　一家公司的經營能力如何，您現在已經知道要同時關注「應收帳款週轉率」、「存貨週轉率」與「總資產週轉率」的概念。而這三個經營能力的綜合指標，都可以在公開資訊觀測站查詢到，觀看優先順序的建議分別為（詳見圖表3-18）：

B1 **總資產週轉率**：當總資產週轉率＜1，就要立刻沿著 2 的路線，觀察現金佔總資產的比率，然後再順著 3 的箭頭指引，觀察 B3 平均收現日數。

B2 平均在庫天數：看看這家公司的商品是否暢銷？

B3 應收帳款平均收現日數：越短越好。

圖表 3-18 **經營能力綜合指標的閱讀順序**

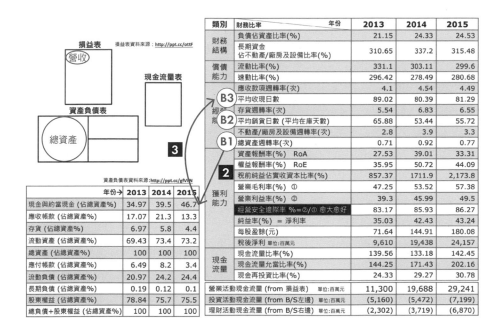

類別	財務比率　　　　　　　年份	2013	2014	2015
財務結構	負債佔資產比率(%)	21.15	24.33	24.53
	長期資金佔不動產/廠房及設備比率(%)	310.65	337.2	315.48
償債能力	流動比率(%)	331.1	303.11	299.6
	速動比率(%)	296.42	278.49	280.68
經營能力	應收款項週轉率(次)	4.1	4.54	4.49
	平均收現日數	89.02	80.39	81.29
	存貨週轉率(次)	5.54	6.83	6.55
	平均銷貨日數 (平均在庫天數)	65.88	53.44	55.72
	不動產/廠房及設備週轉率(次)	2.8	3.9	3.3
	總資產週轉率(次)	0.71	0.92	0.77
獲利能力	資產報酬率(%)　RoA	27.53	39.01	33.31
	權益報酬率(%)　RoE	35.95	50.72	44.09
	稅前純益佔實收資本比率(%)	857.37	1711.9	2,173.8
	營業毛利率(%) ①	47.25	53.52	57.38
	營業利益率(%) ②	39.3	45.99	49.5
	經營安全邊際率 %=②/① 愈大愈好	83.17	85.93	86.27
	純益率(%) = 淨利率	35.03	42.43	43.24
	每股盈餘(元)	71.64	144.91	180.08
	稅後淨利 單位:百萬元	9,610	19,438	24,157
現金流量	現金流量比率(%)	139.56	133.18	142.45
	現金流量允當比率(%)	144.25	171.43	202.16
	現金再投資比率(%)	24.33	29.27	30.78
	營業活動現金流量 (from 損益表)　單位:百萬元	11,300	19,688	29,241
	投資活動現金流量 (from B/S右邊)　單位:百萬元	(5,160)	(5,472)	(7,199)
	理財活動現金流量 (from B/S右邊)　單位:百萬元	(2,302)	(3,719)	(6,870)

損益表資料來源：http://ppt.cc/ottF

損益表
營收

現金流量表

資產負債表
總資產

B3
B2
B1
3
2

資產負債表資料來源：http://ppt.cc/gfVtN

年份→	2013	2014	2015
現金與約當現金 (佔總資產%)	34.97	39.5	46.7
應收帳款 (佔總資產%)	17.07	21.3	13.3
存貨 (佔總資產%)	6.97	5.8	4.4
流動資產 (佔總資產%)	69.43	73.4	73.2
總資產 (佔總資產%)	100	100	100
應付帳款 (佔總資產%)	6.49	8.2	3.4
流動負債 (佔總資產%)	20.97	24.2	24.4
長期負債 (佔總資產%)	0.19	0.12	0.1
股東權益 (佔總資產%)	78.84	75.7	75.5
總負債+股東權益 (佔總資產%)	100	100	100

接下來您可以從本書附贈之32家公司的財務報表卡，任選幾家您有興趣的公司，進行該公司的經營能力分析。筆者在這裡先任選其中三家進行實務分析，您如法運用即可。

中碳

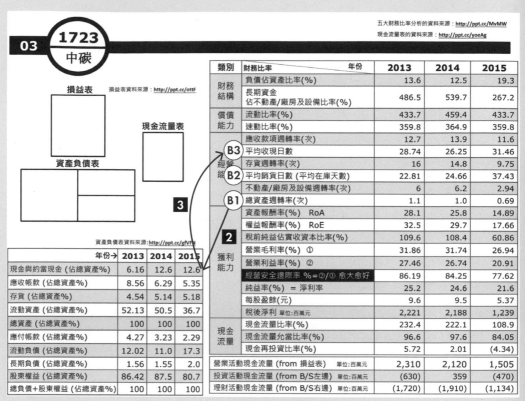

五大財務比率分析的資料來源：http://ppt.cc/MvMW
現金流量表的資料來源：http://ppt.cc/yoeAg

03 1723 中碳

損益表 損益表資料來源：http://ppt.cc/ottF

現金流量表

資產負債表

資產負債表資料來源：http://ppt.cc/gfVF

類別	財務比率　　　年份	2013	2014	2015
財務結構	負債佔資產比率(%)	13.6	12.5	19.3
	長期資金佔不動產/廠房及設備比率(%)	486.5	539.7	267.2
償債能力	流動比率(%)	433.7	459.4	433.7
	速動比率(%)	359.8	364.9	359.8
經營能力	應收款項週轉率(次)	12.7	13.9	11.6
B3	平均收現日數	28.74	26.25	31.46
	存貨週轉率(次)	16	14.8	9.75
B2	平均銷貨日數 (平均在庫天數)	22.81	24.66	37.43
	不動產/廠房及設備週轉率(次)	6	6.2	2.94
B1	總資產週轉率(次)	1.1	1.0	0.69
獲利能力	資產報酬率(%)　RoA	28.1	25.8	14.89
	權益報酬率(%)　RoE	32.5	29.7	17.66
2	稅前純益佔實收資本比率(%)	109.6	108.4	60.86
	營業毛利率(%) ①	31.86	31.74	26.94
	營業利益率(%) ②	27.46	26.74	20.91
	經營安全邊際率 %=②/① 愈大愈好	86.19	84.25	77.62
	純益率(%) ＝ 淨利率	25.2	24.6	21.6
	每股盈餘(元)	9.6	9.5	5.37
	稅後淨利 單位:百萬元	2,221	2,188	1,239
現金流量	現金流量比率(%)	232.4	222.1	108.9
	現金流量允當比率(%)	96.6	97.6	84.05
	現金再投資比率(%)	5.72	2.01	(4.34)
	營業活動現金流量 (from 損益表)　單位:百萬元	2,310	2,120	1,505
	投資活動現金流量 (from B/S左邊)　單位:百萬元	(630)	359	(470)
	理財活動現金流量 (from B/S右邊)　單位:百萬元	(1,720)	(1,910)	(1,134)

年份→	2013	2014	2015
現金與約當現金 (佔總資產%)	6.16	12.6	12.6
應收帳款 (佔總資產%)	8.56	6.29	5.35
存貨 (佔總資產%)	4.54	5.14	5.18
流動資產 (佔總資產%)	52.13	50.5	36.7
總資產 (佔總資產%)	100	100	100
應付帳款 (佔總資產%)	4.27	3.23	2.29
流動負債 (佔總資產%)	12.02	11.0	17.3
長期負債 (佔總資產%)	1.56	1.55	2.0
股東權益 (佔總資產%)	86.42	87.5	80.7
總負債＋股東權益 (佔總資產%)	100	100	100

B1 總資產週轉率逐步下滑，在2015年度的數據為0.69趟／年，小於1，代表
這家公司變成一家資本密集的公司，也就是這個公式中的分母（總資產）
變大或是分子（營業收入）金額變小。具體情況，還必須請您自行深入了
解該公司於當時發佈的相關新聞資料，但就算我們都不知道相關的產業訊
息，其實也沒有關係。凡是遇到一家公司的總資產周轉率＜1，接下來馬上
要順著 **2** 和 **3** 看其他數據。

2 現金佔總資產的比率為12.6%，符合10～25%的基本要求，但這個數據還是偏低，因為該公司的總資產周轉率＜1。

B3 應收帳款平均收現日數為31.46天，表現相當優異（因為一般B2B行業的公司在台灣的收款天數約為90天）。但該公司2015年年度的資料與前兩年相比，有逐步下滑的跡象。

B2 平均在庫天數為37.43天，表現也相當優異，因為一般B2B行業的在庫天數約為60～90天，而這家的數據非常接近流通業的日數。但與前兩年相比，也有小幅下滑的跡象。

　　假設我們無法及時得知該公司相關產業發展資訊，僅就該公司的財務報表數據，來進行經營能力綜合評估的話，可能會得到以下結論：

A. 這家公司的總資產經營能力逐步下滑，可能是因為營收大幅下滑，或是公司擴大資本支出，為未來進行相關的新產品、新設備的投資。如果這個數據下滑的原因是後者（加大資本投資），則屬於好消息。

B. 該公司的存貨在庫天數與應收帳款平均收現日數，兩個指標雖然也呈現下滑趨勢，但與一般B2B行業的公司相比，表現仍屬非常優異。

C. 如果我是該公司的股票持有者，我會特別關注未來2016年的年報中，這三個數據是否改善。如果持續下滑，筆者將減少持股；如果能逐步改善，則會維持繼續投資的立場。

統一超

五大財務比率分析的資料來源：http://ppt.cc/MvMW
現金流量表的資料來源：http://ppt.cc/yoeAg

30 2912 統一超

損益表　損益表資料來源：http://ppt.cc/ottF

現金流量表

資產負債表

資產負債表資料來源：http://ppt.cc/gfVFU

類別	財務比率　　　　　　年份	2013	2014	2015
財務結構	負債佔資產比率(%)	60.7	65.5	65.22
	長期資金佔不動產/廠房及設備比率(%)	168.79	168.6	177.7
償債能力	流動比率(%)	98.55	99.11	98.67
	速動比率(%)	74.54	73.98	72.96
經營能力	應收款項週轉率(次)	49.44	50.07	48.67
Ⓑ3 平均收現日數		7.38	7.29	7.5
	存貨週轉率(次)	13.2	13.31	12.47
Ⓑ2 平均銷貨日數 (平均在庫天數)		27.65	27.42	29.27
	不動產/廠房及設備週轉率(次)	9.31	9.07	9.25
Ⓑ1 總資產週轉率(次)		2.4	2.37	2.35
獲利能力	資產報酬率(%)　RoA	11.27	12.05	10.88
	權益報酬率(%)　RoE	35.79	35.44	30.76
	稅前純益佔實收資本比率(%)	108.62	121.29	112.37
	營業毛利率(%) ①	31.61	32.18	32.26
❷ 營業利益率(%) ②		5.08	5.1	4.68
	經營安全邊際率 %=②/① 愈大愈好	16.07	15.85	14.51
	純益率(%) ＝ 淨利率	4.61	4.92	4.6
	每股盈餘(元)	7.73	8.74	7.92
	稅後淨利 單位:百萬元	9,242	10,248	9,442
現金流量	現金流量比率(%)	27.95	32.86	32.92
	現金流量允當比率(%)	136.76	131.32	121.06
	現金再投資比率(%)	14.09	16.06	12.98
營業活動現金流量 (from 損益表)　單位:百萬元		13,174	14,492	16,357
投資活動現金流量 (from B/S左邊)　單位:百萬元		(5,330)	(5,411)	(7,398)
理財活動現金流量 (from B/S右邊)　單位:百萬元		(7,012)	(8,064)	(7,412)

年份→	2013	2014	2015
現金與約當現金 (佔總資產%)	25.16	24.99	25.72
應收帳款 (佔總資產%)	4.62	4.83	4.81
存貨 (佔總資產%)	12.18	12.55	12.92
流動資產 (佔總資產%)	55.63	54.83	54.85
總資產 (佔總資產%)	100	100	100
應付帳款 (佔總資產%)	19.57	19.94	18.94
流動負債 (佔總資產%)	56.45	55.14	55.59
長期負債 (佔總資產%)	10.62	9.57	9.63
股東權益 (佔總資產%)	32.93	35.29	34.78
總負債+股東權益 (佔總資產%)	100	100	100

B1 總資產週轉率近三年穩定在2.4趟／年。此數值小於1代表是資本密集行業，介於1～2代表這家公司的整體經營能力很不錯，大於2代表這家公司的經營能力相對優異，通常是流通業或快時尚的行業。

2 現金佔總資產的比率，近三年都維持在25%左右，代表這家公司的財務策略非常穩健。

B3 應收帳款平均收現日數為8天以內，代表這一家公司是收現金交易的行業。

另外在閱讀財報的時候，記得要拿出我們的生活常識，來驗證財報真實

性。以這家公司為例，應收帳款平均收現日數＜15天，剛好符合我們日常

生活的常識，代表它的財報可信度高。

為什麼筆者這麼強調要大家運用既有的生活常識呢？因為在實務上，我們

不是天天跟公司總經理在一起，無法判斷對方的誠信狀況，如果我們能夠

同時運用生活常識驗證這家公司的財報數據，就好像多了一道稽核手續，

能夠幫助我們在投資過程中避免踩到地雷股。

B2 平均在庫天數為30天以內。這個數據到底是好還是不好？您可以進行同業

分析來確認。還記得前面提到的沃爾瑪與好市多的存貨在庫天數嗎？沃爾

瑪約為45天，而幾乎每一家在台灣的分店天天都是大排長龍的好市多約為

31天。換句話說，統一超的存貨平均在庫天數，已經比全世界分店最多、

市值最高的沃爾瑪還要厲害。這應該也算是台灣另類的經濟奇蹟！

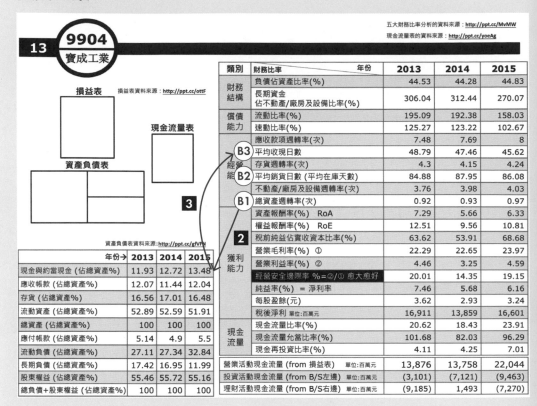

寶成工業

五大財務比率分析的資料來源：http://ppt.cc/MvMW
現金流量表的資料來源：http://ppt.cc/yoeAg

類別	財務比率　　　　　年份	2013	2014	2015
財務結構	負債佔資產比率(%)	44.53	44.28	44.83
	長期資金佔不動產/廠房及設備比率(%)	306.04	312.44	270.07
償債能力	流動比率(%)	195.09	192.38	158.03
	速動比率(%)	125.27	123.22	102.67
經營能力	應收款項週轉率(次)	7.48	7.69	8
	平均收現日數	48.79	47.46	45.62
	存貨週轉率(次)	4.3	4.15	4.24
	平均銷貨日數 (平均在庫天數)	84.88	87.95	86.08
	不動產/廠房及設備週轉率(次)	3.76	3.98	4.03
	總資產週轉率(次)	0.92	0.93	0.97
獲利能力	資產報酬率(%)　RoA	7.29	5.66	6.33
	權益報酬率(%)　RoE	12.51	9.56	10.81
	稅前純益佔實收資本比率(%)	63.62	53.91	68.68
	營業毛利率(%)　①	22.29	22.65	23.97
	營業利益率(%)　②	4.46	3.25	4.59
	經營安全邊際率 %=②/① 愈大愈好	20.01	14.35	19.15
	純益率(%) = 淨利率	7.46	5.68	6.16
	每股盈餘(元)	3.62	2.93	3.24
	稅後淨利 單位:百萬元	16,911	13,859	16,601
現金流量	現金流量比率(%)	20.62	18.43	23.91
	現金流量允當比率(%)	101.68	82.03	96.29
	現金再投資比率(%)	4.11	4.25	7.01
	營業活動現金流量 (from 損益表) 單位:百萬元	13,876	13,758	22,044
	投資活動現金流量 (from B/S左邊) 單位:百萬元	(3,101)	(7,121)	(9,463)
	理財活動現金流量 (from B/S右邊) 單位:百萬元	(9,185)	1,493	(7,270)

年份→	2013	2014	2015
現金與約當現金 (佔總資產%)	11.93	12.72	13.48
應收帳款 (佔總資產%)	12.07	11.44	12.04
存貨 (佔總資產%)	16.56	17.01	16.48
流動資產 (佔總資產%)	52.89	52.59	51.91
總資產 (佔總資產%)	100	100	100
應付帳款 (佔總資產%)	5.14	4.9	5.5
流動負債 (佔總資產%)	27.11	27.34	32.84
長期負債 (佔總資產%)	17.42	16.95	11.99
股東權益 (佔總資產%)	55.46	55.72	55.16
總負債＋股東權益 (佔總資產%)	100	100	100

B1 總資產週轉率近三年都是＜1，代表這是一家資本密集的行業，所以應立即延著 2 與 3 檢查其他數據。題外話，製鞋業同時也是勞力密集的行業喔。

2 現金佔總資產的比率，近三年平均約為13%。以一家資本密集的行業來看，這家公司的現金存量偏低。接下來沿著 3 查看。

B3 應收帳款平均收現日數，三年平均約為46天。數據大於15天以上，通常代表這是一家B2B行業的公司，而且以一般B2B行業的平均標準來看，這家

公司的應收帳款管理能力不錯。可是，如果您上網至公開資訊觀測站，找同行業公司的數據進一步分析，例如9910豐泰，便可發現豐泰的應收帳款平均收現日數近三年平均為25天。相較之下，寶成工業的應收帳款管理能力，與同行相比屬於偏弱。看來這家公司自己也有意識到這個問題，所以數據呈現逐年改善的好跡象。

(B2) 存貨在庫日數的表現平均三年約為85天，如果以同業9910豐泰的平均在庫日數45天進行比較，這家公司的存貨管理能力偏弱。

實戰分析練習

　　透過以上三家不同行業公司的簡單分析，相信您對「經營能力」（翻桌率越高越好）的觀念，已經具有立體的閱讀觀。接下來，請您拿出本書附贈的32家公司財務報表卡，進行分析練習。熟能生巧，相信下一次您再看到這些數據，就有輕鬆解析關鍵指標的能力，再也不會恐慌囉！

公司名稱 股票代號		指標 B　經營能力＝翻桌率，愈高愈好			您覺得自己投資下去後，這家公司的經營能力您有信心嗎？（滿分100分）
		重要性50分	重要性25分	重要性25分	
		B1 總資產週轉率＞1嗎？如果是<1，代表燒錢，馬上沿著**2**、**3**檢查	**B2** 平均在庫天數是否合理？商品好不好賣？	**B3** 應收帳款平均收現日數？（收現金的行業會<15天）	
		＞1 OK ｜ <1（資本密集）沿著**2**、**3**檢查			
01	大立光 3008				
02	台積電 2330				
03	中碳 1723				
04	廣隆光電 1537				
05	皇田工業 9951				

06	友通資訊 2397					
07	佳格 1227					
08	聯鈞 3450					
09	為升 2231					
10	日友 8341					
11	中興保全 9917					
12	神基科技 3005					
13	寶成工業 9904					
14	台數科 6464					
15	巨大 9921					
16	恆大 1325					
17	邦特生技 4107					
18	可寧衛 8422					
19	帆宣科技 6196					

20	台達電 2308				
21	帝寶 6605				
22	新光保全 9925				
23	中華電信 2412				
24	旭隼 6409				
25	萬洲化學 1715				
26	劍麟 2228				
27	數字科技 5287				
28	卜蜂 1215				
29	振樺電 8114				
30	統一超 2912				
31	鴻海 2317				
32	中鋼 2002				

※本表並非報明牌！本書所附贈之各公司財務報表，皆為筆者隨機在公開資訊觀測站選出
　的公司。

※投資一定有風險，股票投資有賺有賠，買股前請詳閱公開說明書（財務報表）。

Chapter

4

▼

從獲利能力
破解這是不是一門好生意

透過前幾個章節的學習，相信大家已經懂得要優先看「現金流量」（比氣長、越長越好）與「經營能力」（翻桌率、越高越好）等重點了。

接下來，我要教大家看第三個重要的指標「獲利能力」。這個指標的中翻中是：

這是不是一門好生意？越高越好。

獲利能力在公開資訊觀測站的五大財務比率分析的位置，如圖表4-1中的紅框所示。

至於判斷一家公司是不是好生意，則請您參考圖表4-2，有六個重要的指標需要觀察。

圖表 4-2 好生意的六大關鍵指標

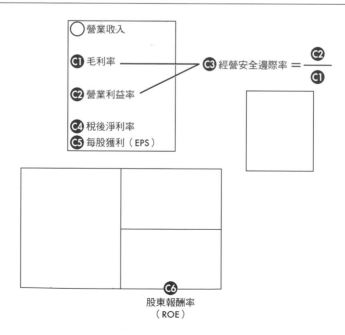

圖表 4-1
獲利能力在五大財務比率分析的位置

毛利與營業利益
等資訊在這裡

C1 毛利率：一門生意的好壞

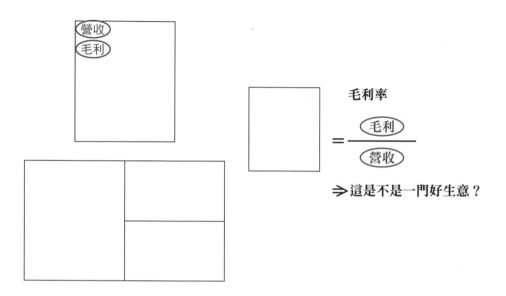

毛利率越高，代表這真是一門好生意！毛利率越低，代表這真是一門艱困的生意。如果毛利率是負的，代表這真是一門爛生意。

接下來我們參考圖表4-3，以毛利率來看看六家公司的表現。

圖表 4-3 六家公司的毛利率表現

2015年 年報資料	大立光 3008	台積電 2330	中碳 1723	統一超 2912	巨大 9921	鴻海 2317
毛利率（這是不是一門好生意）	57.38%	48.65%	26.94%	32.26%	22.16%	7.15%

可以看出，半導體業的台積電與光電行業的大立光，毛利非常高，分別為48％與57％，中翻中為：這真是一門好生意！屬於傳產的中碳，毛利率表現也相當不錯，高達26％；流通業之王的統一超商毛利率也很好，高達32％。

身為品牌公司的巨大，毛利率是22％。一般純粹經營品牌的公司，毛利率通常都要在30％以上，才算是表現優良，因為這種公司需要一定的毛利率，才有足夠利潤空間進行品牌推廣時所需的相關費用。

根據蘋果與宏達電的2015年年報資料，前者毛利率為40％，後者僅剩18％，所以在行銷推廣上，宏達電越來越沒有經費操作。因此巨大的毛利率為22％，如果純粹就一家經營品牌的公司來看，這種毛利率偏低。筆者推測應該是巨大仍有非常高比率的ODM生意所致，因為相對品牌業務而言，ODM代工生意的毛利率偏低。故兩種生意模式（品牌與ODM）兼有的巨大，毛利率最後僅有22％，略為偏低。

　　科技製造業代表的鴻海，其優異的經營能力表現，全世界有目共睹，但是毛利率只有7％，中翻中為：這真是一門艱困的生意。所以即使鴻海經營能力各方面表現相當優異，但股價一直沒有受到投資人青睞，因為毛利率實在偏低，使投資人對該公司的未來前景預期與發展空間有相當的遲疑。

　　一家公司的毛利率越高，可能代表該公司進入到一個藍海市場（競爭者較少）、擁有特殊的一技之長（如台積電與大立光），或是該行業進入障礙非常高（如需要特許經營的電信行業），別的競爭對手很難進入……等因素。

　　一家公司的毛利率偏低，代表該市場競爭激烈，為了生存大家不得不削價競爭。透過規模經濟、專業分工、聯合採購，或是各種流程效率化的做法，仍有機會維持競爭力與基本的獲利能力，但是整體來說，這種行業的前景不被看好。

●負毛利率公司的唯一活路

若一家公司的毛利率是負的，例如圖表4-4所示的狀況：

圖表 4-4 三家公司的負毛利率表現

茂德 5387	破產前最後3年年報資料			
	年度	2008	2009	2010
	毛利（這是不是一門好生意）	（61.9）%	（212）%	（47.8）%

力晶 5346	破產前最後3年年報資料			
	年度	2009	2010	2011
	毛利（這是不是一門好生意）	（44.7）%	9.3%	（42.4）%

興航 6702	破產前最後3年年報資料			
	年度	2013	2014	2015
	毛利（這是不是一門好生意）	6.1%	12.73%	（11.57）%

以當時的茂德為例，該公司最後三年的毛利率分別為（61.9%）、（212%）與（47.8%）。

如果您臨危受命擔任這家公司的總經理，假設只有下列三種方案可以選擇，您會如何拯救這家公司？

（a）想盡辦法增加營收。

（b）要求全面控制成本。

（c）嚴格控管公司相關費用支出。

不論您是選擇（a）、（b）或是（c），都要恭喜您！好不容易您盼望已久的總經理位子拿到手了，但只要您決定將公司資源集中在任何一種，不論您選擇的是（a）、（b）或是（c），結果這家公司將被您的英明領導弄到破產了！

巴菲特曾說：「除了少數例外，當擁有才華過人聲譽的管理者，去經營一家經濟基本面爛得出名的企業時，最後名聲不變的必是那家企業。」

換句話說，如果一家公司連續三年毛利率都是負值，而且負的相當多，起死回生唯一的（可能）選項是：轉行！因為原有行業已經無利可圖，只要留在原行業多一天，虧損只會不斷擴大，唯一生存之道就是轉行，轉到別的行業或應用領域。2012年12月宣布破產的力晶，就是採取了轉行的策略，於是在2016年又成為一家賺錢的企業。

提醒您一個重要觀念：不論您有多少內線消息，建議不要投資任何「連續三年毛利率都是負值」的公司。除非這家公司仍有大筆現金，他們才有機會東山再起，否則您原先想短線投機的資金，最後可能以血本無歸收場。

C2 營業利益率：一家公司賺錢的真本事

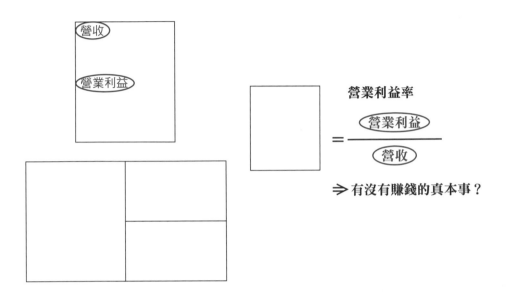

毛利率越高越好，有了這個特點的公司相當不錯。但是，萬一這家公司的開銷也很大呢？會不會開銷過大，結果毛利率很高，但是公司最後反而沒賺錢呢？

為了避免這個問題發生，所以除了毛利率之外，第二個要觀看的重要指標，就是營業利益率。

```
        營業收入
一）   營業成本
     ─────────
          毛利  → 是不是一門好生意
一）   營業費用
     ─────────
          營業利益 → 賺錢真本事
```

一家公司的收入減去成本與費用之後，就叫做「營業利益」，而這個金額的高低，代表一家公司賺錢的真本事高低。

其中，經營一家公司費用（包含了行銷費用、管理費用、研究費用、折舊費用與分期攤銷等五種費用）的大小，也可以看出一家公司在市場的相對位置。

當然，不同的產業有不同的產業特性，筆者分析過全球數萬家財務報表，發現了一些有趣的共同性：

1. **營業費用率＜10%**：通常代表這家公司在自己的領域已經具有相當的規模經濟，例如具有一技之長的公司（如台積電、大立光），或是在該行業市佔率前三名的公司。

2. **營業費用率＜7%**：通常代表這家公司不但已經具有很大的規模經濟，而且在經營上的費用也相當節省，例如台塑與鴻海集團等公司，都是在各自業界以「勤儉持家」著稱。

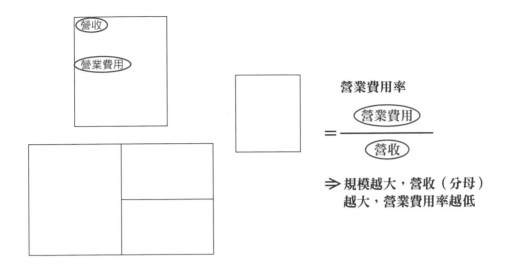

3. **營業費用率＞20%**：可能出現在下列幾種行業中：

（a）自有品牌的公司，因為產品推廣的行銷費用相當昂貴。例如宏達電（HTC）近兩年的費用率平均都在30％以上、阿瘦皮鞋近幾年的費用率也都在50％上下。

（b）尚未具有規模經濟的公司，所以分母（營業收入）過小，例如生技醫療等行業。

（c）該市場蓬勃發展，但仍需持續教育市場的行業，例如網路公司的Google、Amazon、全球共享經濟相當知名的Uber、大陸的滴滴打車與1號專車等公司。

（d）需要不斷促銷（例如買一送一、第二件七折），客戶才會回流的流通業公司，例如7-11、屈臣氏、全聯社等。

（e）餐飲業有一句行話，「開餐廳，房租、水電、人事等費用至少佔了三分之一」，代表這類行業的費用率至少33％。也因為費用率如此高，所以餐飲業的毛利率通常在50％上下，只有如此高的毛利率，才能有足夠的利潤支付經營餐廳所需要的高額（至少33％）費用率。

●綜觀毛利率與營業費用率

在您學會這些基礎的商務常識之後，我們根據圖表4-5，來看看下面這幾家公司的表現。

1. **大立光與台積電**：兩家公司的毛利率都很高，尤其營業費用率控管也相當得宜，分別為7.88％（代表大立光的規模經濟很大，而且非常省）、10.71％（代表台積電在自己的領域，是屬於世界級的大規模公司）。

2. **中碳**：屬於傳統行業，但毛利率仍高達26％，而且該公司在自己的領域具有規模優勢。此外，經營費用也相當省，費用率僅有6％，符合我們在上一個段落所分享的商務常識。

3. **巨大**：毛利率偏低，僅有22％，因為它除了自有品牌生意之外，還有傳統毛利較低的ODM客戶。總體來說，該公司的費用控管相當不

錯，因為一般品牌公司的費用率可以使用到20％，但巨大的營業費用率僅有14％，代表這家公司在自己的領域已經做到非常大的規模了。

4. **鴻海**：毛利率僅有7％，營業費用率也只有大約3.5％，代表鴻海集團在自己的領域中，是一家規模非常龐大的公司，而且非常節省。郭台銘先生公務上使用的私人飛機，都是郭先生自己出錢購買，沒有使用公司資金，是一位難能可貴且正派經營的老闆。只可惜該行業的毛利率過低，要不然這種用心經營的老闆，真是值得我們投資。

5. **統一超**：毛利率高達32％，但相對的需要常常做行銷活動吸引消費者再次消費，所以該公司的費用率偏高，約為27％，也是符合前面所提到的商務常識。

圖表 4-5 六家公司的毛利率與營業費用率表現

2015年報資料	大立光 3008	台積電 2330	中碳 1723	統一超 2912	巨大 9921	鴻海 2317
ⓒ1毛利率（這是不是一門好生意）	57.38%	48.65%	26.94%	32.26%	22.16%	7.15%
ⓒ2營業利益率（賺錢的真本事）	49.5%	37.94%	20.91%	4.68%	8.04%	3.66%
營業費用率＝ⓒ1—ⓒ2（銷／管／研／折舊／分期攤銷等費用）	7.88%	10.71%	6.03%	27.58%	14.12%	3.49%

資料來源：公開資訊觀測站

C3 經營安全邊際率：對抗景氣的能力

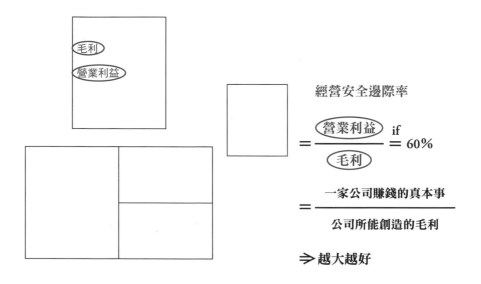

經營安全邊際率

$$= \frac{營業利益}{毛利} \quad if = 60\%$$

$$= \frac{一家公司賺錢的真本事}{公司所能創造的毛利}$$

➲ 越大越好

　　經營安全邊際率是營業利益佔毛利的比率，我們可以藉此看出一家公司的長期穩定獲利能力，判斷它在對抗景氣波動時的空間大不大。

　　經營安全邊際率越高，代表公司獲利的寬裕度越高，也代表面對殺價競爭時可以撐得比較久，所以這個數字越大越好。

　　以上面公式的例子，假設經營安全邊際率為60％，代表如果現有公司的毛利率不要下降到超過60％，公司仍能小賺，或控制在不賺不賠的損益兩平狀態。這也代表如果市場持續殺價競爭下去，一旦毛利率下殺超過60％，這個產業就不再是一門好生意，這家公司會開始虧錢。

　　換句話說，經營安全邊際率越高，抵抗景氣波動的能力也越大。

　　經驗法則告訴我們，通常經營安全邊際率＞60％，代表這家公司有較寬裕的獲利空間，即使面臨突如其來的景氣波動，它將比其他競爭對手具有較高的抵抗能力。

　　由圖表4-6可以看出，大立光、台積電與中碳，這三家公司抵抗黑天鵝效應的能力非常高，因為三家公司的經營安全邊際都大於77％。擁有如此高的經營安全邊際率的公司，真的很少喔！

圖表 4-6 六家公司的經營安全邊際率表現

2015年報資料	大立光 3008	台積電 2330	中碳 1723	統一超 2912	巨大 9921	鴻海 2317
ⓒ1 毛利率（這是不是一門好生意）	57.38%	48.65%	26.94%	32.26%	22.16%	7.15%
ⓒ2 營業利益率（賺錢的真本事）	49.5%	37.94%	20.91%	4.68%	8.04%	3.66%
ⓒ3 經營安全邊際率 ＝ⓒ2／ⓒ1，越大越好	86.27%	77.99%	77.62%	14.51%	36.28%	51.19%

資料來源：公開資訊觀測站

另外，以鴻海為例，主要是該公司在自己專業代工的領域，已經具有世界第一的規模經濟，而且費用控管非常優異，費用率不到3.5％，所以經營安全邊際率的表現非常好。這也代表，萬一鴻海需要面對其他競爭者持續不理性的殺價競爭，仍有高達51％的緩衝空間。

請您拿出隨書附贈的第31號公司的財務報表卡，即是鴻海公司的財務報表。

請特別留意財報左下方的一個數字：現金與約當現金佔總資產比率。鴻海在該項目比率，近三年平均高於28％，甚至比筆者在本書中給大家的建議（公司應維持10％～25％的現金存量）還要高！

這究竟代表什麼意思呢？

如果在市場中，鴻海的競爭對手全都瘋狂殺價來搶單，這時鴻海除了有51％的降價空間可與其他競爭對手PK之外，手上的高現金水位也比其他競爭對手多。萬一這個時候再來一次第二輪或第三輪的金融海嘯，則所有競爭者都陣亡後，鴻海依然屹立不搖存活在市場裡持續接單。

任何一家上市櫃公司的老闆，都應該要將自己公司的財務狀況佈局到這種等級，才能獲得長期穩定的獲利能力。如此，自己的公司才具有抵抗景氣波動、持續存活下來的能力。

　　同理，當我們角色變換，變成一位投資者時，也應該從各家的財務報表中去找尋更多這種類型的公司：經營安全邊際率高，手上現金充足的公司。

　　當我們投資下去之後，不管市場發生什麼事情，這些公司都具有抵抗景氣波動的能力。當其他競爭者都陣亡之後，您所投資的公司，就會順理成章地接收了陣亡競爭者原有的市場份額。

●網路流通業的獨特性

　　由於統一超的狀況比較特別，於是筆者找了一家同屬流通業，但營運模式不同的公司「網路家庭PChome」進行對比（詳見圖表4-7）。把這兩家公司放在一起比較，可以發現幾個有趣的現象：

1. 實體通路的7-11毛利率比較高，而虛擬通路的PChome毛利率只有17％，符合網路平台常常殺價競爭的特性。

2. 賺錢的真本事（營業利益率），兩家公司相當，大約都在4.6％。

3. 實體通路需要很多員工，才能24小時服務客戶。另一方面，網路商城只要頻寬夠、平台的系統夠穩定，只需要少少的人手，就能像7-11一樣全年無休。這就是為什麼實體通路的費用率高達27.5％，而網路商城的費用率僅需12.5％。換句話說，在網路上開店經營的邊際費用率會越來越低。

圖表 4-7 統一超與網路家庭的經營安全邊際率比較

2015年報資料	統一超 7-11	網路家庭 PChome
C1 毛利率 （這是不是一門好生意）	32.26%	17.19%
C2 營業利益率 （賺錢的真本事）	4.68%	4.6%
營業費用率＝C1─C2 （銷／管／研／折舊／分期攤銷等費用）	27.58%	12.59%
C3 經營安全邊際率 ＝C2／C1，越大越好	14.51%	26.8%

資料來源：公開資訊觀測站

4. 最有趣的數據是經營安全邊際率，沒想到網路商店的經營邊際率（抵抗景氣波動的能力），遠高於實體通路的7-11。

　　這是台灣市場獨有的現象嗎？如果放眼全球，以2016年12月1號全球大型流通業的收盤價為準，這個現象好像也一樣成立！因為虛擬通路具有上述四點財報特性，加上又符合未來趨勢，故全球各地的虛擬商城，股價大多優於傳統實體流通業。

圖表 4-8 全球大型流通業股價表現

	沃爾瑪 Walmart	好市多 Costco	亞馬遜 Amazon
2016.12.01收盤價 （美元／股）	$70.43	$150.11	$750.57

C4 淨利率：一家公司稅後是否賺錢

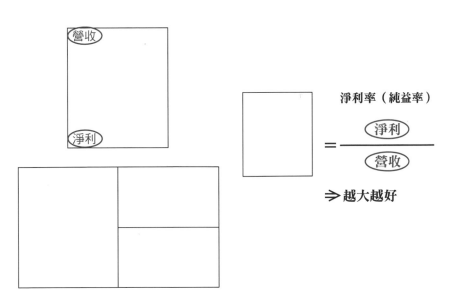

$$淨利率（純益率） = \frac{淨利}{營收}$$

⇒ 越大越好

一般來說，經營一家公司相當不容易，所以投資人對公司最基本的要求是：

淨利率（純益率）＞資金成本

⇒ 報酬＞成本

由於一般公司在銀行體系取得的資金成本，通常都大於2％，所以一家上市櫃公司的淨利率（純益率），至少要大於2％才值得投資。當然，淨利率越高越好。

如圖表4-9所示，大立光、台積電與中碳這三家公司的稅後淨利率非常優異，分別為43％、36％與21％，甚至高過大部分上市櫃公司的毛利率！

圖表 4-9 六家公司的淨利率表現

2015年年報資料	大立光 3008	台積電 2330	中碳 1723	統一超 2912	巨大 9921	鴻海 2317
C4 淨利率（純益率）	43.24%	36.34%	21.6%	4.6%	6.36%	3.35%

資料來源：公開資訊觀測站

C5 每股獲利（EPS）：股東可以賺多少

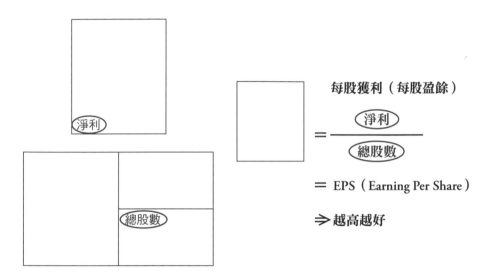

每股獲利（每股盈餘）

$$= \frac{淨利}{總股數}$$

$= EPS \text{（Earning Per Share）}$

⇒ 越高越好

　　這個指標主要是讓投資人了解，一家公司努力經營所賺得的稅後淨利，除了淨利的總金額，如果換成股份，每一股能幫股東賺多少錢？這當然是越多越好。

　　在台灣的上市櫃公司中，每股的面額大多為新台幣10元。如果一家公司的EPS＝3元，代表就股票面額來看，這家公司幫股東賺了30％的稅後利潤；如果一家公司當年度的EPS＝18元，代表這家公司獲利能力相當驚人，一年賺了1.8家（18／10）自己的公司。

圖表 4-10 六家公司的EPS表現

2015年年報資料	大立光 3008	台積電 2330	中碳 1723	統一超 2912	巨大 9921	鴻海 2317
C5 每股獲利（每股盈餘）（越高越好）	$ 180.08	$ 11.82	$ 8.37	$ 7.92	$ 10.25	$ 9.42

資料來源：公開資訊觀測站

　　我們同樣以六家公司於2015年年報的每股獲利為例，是的，您沒看錯，大立光的每股獲利真的是一股180元！換句話說，大立光2015年的獲利能力，等於賺了18家自己的公司（賺了18倍的股本）。

　　投資人不止知道大立光在光學鏡頭具備競爭優勢，該公司57％的高毛利率、86％的高經營安全邊際率，以及46.7％的高現金存量等因素，都是極為優異的財務數據，所以大立光的股價才能維持在3500元上下，成為台灣的股王。

C6 股東報酬率：投資獲得多少回報

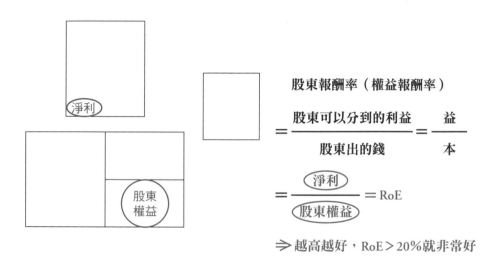

股東報酬率（權益報酬率）

$$= \frac{股東可以分到的利益}{股東出的錢} = \frac{益}{本}$$

$$= \frac{淨利}{股東權益} = RoE$$

⇒ 越高越好，RoE ＞ 20% 就非常好

　　股東報酬率（RoE）指的是相對於股東出的錢，可以獲得多少的報酬率。這個指標當然是越高越好，因為我們投資一家公司，就是以股東的立場進行投資，所以這個指標非常重要。

　　如果您曾經研究過股神巴菲特的投資哲學，應該可以發現巴菲特非常重視下列三個指標：

1. **長期穩定的獲利能力**：這就是巴菲特常提到的「護城河」、「推斷特定公司的競爭優勢」的觀念。

2. **自由現金流量**：這個指標主要是巴菲特用來衡量一家公司的氣長不
長，以及該公司是否能每年為公司帶來正的現金流量。

3. **股東報酬率（RoE）**：雖說這個指標越高越好，問題是，股東報酬率
（RoE）到底多少以上才叫好？多少以下算是不好？

●RoE＞20％，算是非常好的公司

股神巴菲特自1965～2015年年底，每年的平均報酬率約為20％。這
20％感覺不多，可能比股市菜籃族隨便一檔股票的獲利都還要低，但如
果每年都維持20％，就能創造愛因斯坦所謂的世界第八奇蹟：時間的複
利效果。

假設您在1965年投資1萬元到股神巴菲特的波克夏公司，猜猜看經
過51年以後，在2015年年底，當初的1萬元本金會變成多少？答案是：
1.598億元！

所以巴菲特才會說：「假如你持有一家優秀企業，時間就是好朋
友；但如果你持有的是表現平庸的公司，那麼時間就變成敵人。」

●RoE＜7％，可能就不值得投資

（a）一般投資者的資金成本介於2～7％，尤其當您採用信用交易（融
資融券）時，資金成本大約就在7％。RoE至少要足以填補相關成
本。

（b）機會成本問題。如果這筆錢投入一家RoE偏低的公司，您可能會

因此錯失其他更好的投資機會，進而造成機會成本損失。

圖表4-11是本書案例六家公司的RoE表現，供各位讀者參考。

圖表 4-11 六家公司的RoE表現

2015年年報資料	大立光 3008	台積電 2330	中碳 1723	統一超 2912	巨大 9921	鴻海 2317
ⓒ6股東報酬率 RoE＞20％最好	44.09%	27.04%	17.66%	30.76%	19.35%	14.69%

實戰分析練習

接下來，請您拿出本書附贈的32家公司財務報表卡，進行分析練習。
熟能生巧，相信下一次您再看到這些數據，就有輕鬆解析關鍵指標的能
力，再也不會恐慌囉！

公司名稱 股票代號		指標 C　獲利能力＝這是不是一門好生意？越高越好						您覺得自己投資下去後，這家公司是不是一門好生意？有沒有抵抗景氣波動的能力？
		重要性20分	重要性20分	重要性20分	重要性10分	重要性10分	重要性20分	
		C1 毛利率（這是不是一門好生意？）	C2 營業利益率（有沒有賺錢真本事？）	C3 經營安全邊際率（有沒有抵抗景氣波動的能力？）	C4 淨利率	C5 每股獲利（EPS）	C6 股東報酬率（RoE）	
01	大立光 3008							
02	台積電 2330							
03	中碳 1723							
04	廣隆光電 1537							
05	皇田工業 9951							

06	友通資訊 2397							
07	佳格 1227							
08	聯鈞 3450							
09	為升 2231							
10	日友 8341							
11	中興保全 9917							
12	神基科技 3005							
13	寶成工業 9904							
14	台數科 6464							
15	巨大 9921							
16	恆大 1325							
17	邦特生技 4107							
18	可寧衛 8422							
19	帆宣科技 6196							

20	台達電 2308							
21	帝寶 6605							
22	新光 保全 9925							
23	中華 電信 2412							
24	旭隼 6409							
25	萬洲 化學 1715							
26	劍麟 2228							
27	數字 科技 5287							
28	卜蜂 1215							
29	振樺電 8114							
30	統一超 2912							
31	鴻海 2317							
32	中鋼 2002							

※本表並非報明牌！本書所附贈之各公司財務報表，皆為筆者隨機在公開資訊觀測站選出的公司。

※投資一定有風險，股票投資有賺有賠，買股前請詳閱公開說明書（財務報表）。

▼

從財務結構破解
公司的破產危機

「財務結構」是第四個關鍵數字力，在開始說明前，我們一樣先把文言文「中翻中」。財務結構的中翻中是：

那根棒子，棒子的位置越高越好

財務結構在公開資訊觀測站的五大財務比率分析的位置，如圖表5-1中的紅框所示。

不知道您是否還記得，這根棒子其實在第一章就已經出現過了，它會出現在資產負債表（如圖表5-2）。

在棒子的上方，指的是外部的資金來源叫「負債」；在棒子的下方，指的是內部的資金來源，叫「股東權益」。

其中，外部的資金（來自於供應商或是銀行）比較便宜，內部的資金（來自於股東出資的錢）比較貴。

在資產負債表中，**左邊＝右邊**。

所以，**資產＝負債＋股東權益**

還記得資產負債表是一張平衡的報表嗎？因此左邊會等於右邊。

複習完畢這些基本觀念之後，我們來看看有關財務結構（那根棒子）的兩個關鍵指標。

圖表 5-1

財務結構在五大財務比率分析的位置

圖表 5-2 財務結構的基本定義

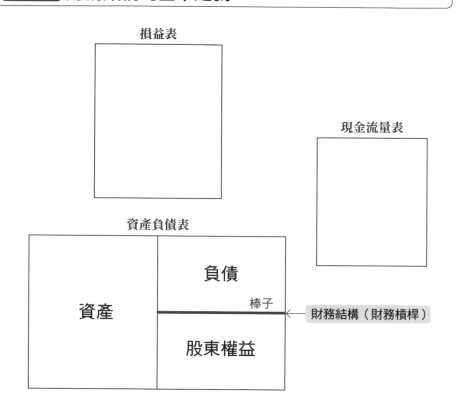

D1 負債佔資產比率

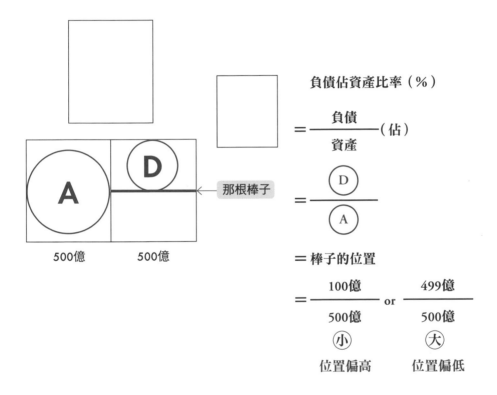

負債佔資產比率（％）

$$= \frac{負債}{資產} （佔）$$

$$= \frac{D}{A}$$

＝棒子的位置

$$= \frac{100億}{500億} \quad or \quad \frac{499億}{500億}$$

小　　　　　　大

位置偏高　　位置偏低

500億　　　500億

那根棒子

如公式說明，「資產佔負債比率」公式推導出來之後，這個指標其實就是指「那根棒子」的位置。

●負債佔資產比率偏小

例如負債共有100億，資產總共有500億，感覺起來好像還不錯。這個時候，「那根棒子」的位子就會偏高。

●負債佔資產比率偏大

例如一家公司的負債共欠了外部人士（主要是供應商與銀行）499億，而這家公司的總資產只有500億。這種公司感覺好像很危險，因為欠外面人太多錢了，扣掉負債之後，這家公司的淨資產只剩下1億。哇，超級危險的！

這個時候，「那根棒子」的位子就會非常低。

接下來的問題就是：這個指標到底是比率大比較好，還是比率小比較好？「這根棒子」到底要在什麼位置比較理想呢（如圖表5-3）？

感謝很多財經學者的研究，創設出所謂的「最適資本理論」，這個理論講的就是到底這根棒子在實務上，應該要偏高、偏低，或是在什麼位置比較好？

最後，比較沒有爭議的結論就是：一人一半！也就是那根棒子最好介於中間。

為什麼呢？因為如果棒子不斷的往下移，代表公司對外欠的負債偏多，股東只出資了一點點。這個時候債權人（主要是銀行）就會暗自嘀咕：咦，為什麼只跟我借錢？股東（自己人）為什麼不願意出資投資呢？是不是這家公司內部有我不知道的事情？感覺怪怪的！

所以，當該公司又要再跟銀行借錢時，銀行可能就不會借了。為了讓公司繼續經營下去，老闆必須轉身向股東（自己人）籌錢，此時那根

圖表 5-3 財務結構太高或太低都不理想

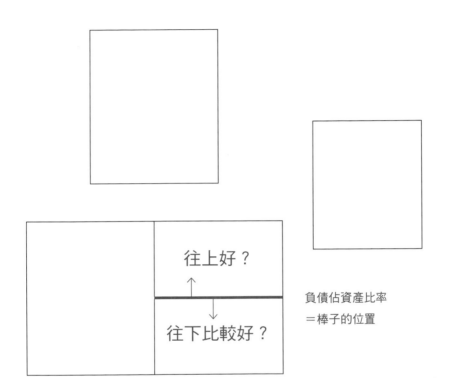

往上好？

往下比較好？

負債佔資產比率
＝棒子的位置

棒子就會慢慢往上移（因為股東出資的錢變多），所以財務結構（那根棒子）是一個動態的觀念。

那麼，什麼時候「那根棒子」會不斷往上移呢？通常是在一家公司非常賺錢，而且前景看好的時候。賺錢的公司每次現金增資（股東權益也會因此增加）時，大部分的情況下，所有股東都會超額認購。理由很

簡單：有利可圖，肥水不落外人田！既然公司這麼賺錢，當它需要資金不斷擴大市場版圖，當然不必跟外面的人借錢！我們股東自己出資進行增資就好了。

因此，一家公司的負債佔資產比率（那根棒子）的高低，會暗示出一家公司股東的整體偏好。不過，如果公司的資金大部分是由股東出資，又會衍生出另一個問題：股東出錢投資公司，通常會要求公司在獲利之後，每年固定發放紅利給股東。如果發放的紅利只有3～5%，股東通常看不上眼，會再要求公司多給一點。

紅利究竟該發多少，實務上沒有答案，這屬於公司的股利政策的議題。但讀者可以發現一個有趣的現象：在股市中，投資人通常會要求公司派發的配股配息（給股東紅利）至少2元以上。假設該公司近十年現金增資價格平均為40元，這就像是公司當初向股東拿了40元的資金來擴大營運，每年需發給股東2元的紅利；對公司而言，資金成本約於5%（2／40）。當然，一家公司的現金增資價格愈高，資金成本越低；反之，對公司而言，資金成本就越高。

所以，用大白話來說明整件事，會是：

1. 拿銀行的錢（使用的是棒子上方的資金來源），資金成本比較低，大約是1.5～3%。

2. 拿股東的錢（使用的是棒子下方的資金來源），資金成本會比較貴，通常會介於5～20%（依各公司的現金增資價格與後續股利政策不同，而有所差異）。雖然這樣子的資金成本比向銀行借錢高很多，但仍有很多公司寧可採用多一點的股東資金，主要原因是股東不會像銀行一樣突然抽銀根。對公司來說，通常不需要退還股東投資的錢，公司沒有還款壓力，因此用股東的資金，比較能長遠規劃公司的發展策略與方向。

所以，對一家公司而言，既要取得最低的資金成本，同時又得兼顧不能突然發生被銀行抽銀根的現金風險，「最適資本理論」在學界討論多時之後，才會得出一個比較沒有爭議的結論就是：一人一半！

另外，在美國道瓊30成份股（30家最績優的公司）裡面，也可以看出這個有趣的現象：經營穩健的公司，他們的負債佔資產比率（那根棒子）通常都會≦60％，非常接近學理中「最適資本理論」的50％觀念（一人一半的觀念）。

另外，觀察全球各國數千家已經破產下市公司的負債佔資產比率，也發現一個有趣的共通性：那根棒子的位置在破產前的最後一年，通常都會≧80％，或是接近這個數字。

這兩個有趣的現象，我們整理成圖表5-4方便大家複習。

圖表 5-4 好公司與壞公司的財務結構位置

狀況好的公司

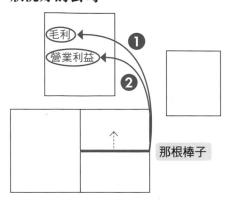

棒子的位置不斷上移

❶ ➡ 這真是一門好生意！

❷ ➡ 這家公司有賺錢的真本事。

狀況不佳的公司

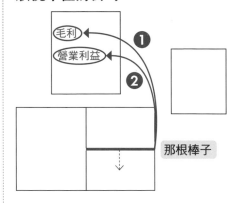

棒子的位置不斷下移

❶ ➡ 這可能不是一門好生意！

❷ ➡ 這家公司可能沒有賺錢的真本事。

金融保險業具有特殊的財務結構

　　特別跟大家說明，金融保險業不適用以上的財務結構觀念，因為他們是遵循BIS管制。BIS管制源起於1988年7月，國際清算銀行（Bank for International Settlements）委員會制定並通過了《關於統一國際資本衡量和資本標準的協議》（Proposal for International Convergence of Capital Measurement and Capital Standards），簡稱《巴塞爾協議》，形成了資本充足性管制的國際統一標準，簡稱為BIS管制。這主要是指針對金融機構的資產中自有資產的比率必須維持在一定的標準以上的規定。

　　用大白話來說明，觀念就像是：

1. 如果一家金融機構，股東自己出的錢佔了8%（另外92%是別人的錢），就可以做國際金融業務。
2. 如果一家金融機構，股東出的錢只有4%以上（另外96%的錢來自於別人），則可以做國內金融業務。
3. 如果一家金融機構，股東出的錢不到4%，那對不起，它不准經營金融業。

　　換句話說，金融機構是一個高度槓桿的行業。如果用我現在教您的負債佔資產比率的觀念來檢視金融機構，他們通通會是破產等級的公司。也因此，金融保險屬於特許行業，要遵循的法規與一般上市櫃企業不同。所以這個「負債佔資產比率」的觀念，不適用金融銀行業。

分析好、壞公司的負債佔資產比率

帶著這個觀念，接下來我們看看那六家好公司的表現（詳見圖表 5-5）。他們的「負債佔資產比率」都相當的優異，只有統一超的數據稍微偏高，為65.22％。

圖表 5-5 好公司的負債佔資產比率

2015年年報資料	大立光 3008	台積電 2330	中碳 1723	統一超 2912	巨大 9921	鴻海 2317
D1負債佔資產比率（那根棒子的高低）	24.53%	26.24%	19.3%	65.22%	55.59%	54.06%

但這就代表他們是好公司嗎？其實未必！財務報表分析是一種動態分析的概念，不能只看單一指標。閱讀財務報表時，必須綜合判斷交叉驗證。

下回當您看到一家公司的負債佔資產比率非常亮眼時，請參考圖表5-6，同步觀察這家公司的其他數據：

1 營業毛利率：這是不是一門好生意？

2 營業利益率：有沒有賺錢的真本事？

圖表 5-6 綜合驗證好公司的關鍵指標

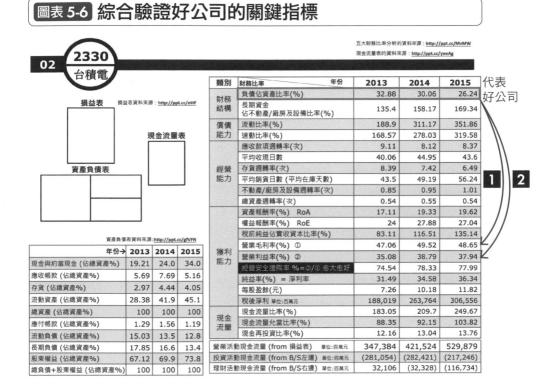

五大財務比率分析的資料來源：http://ppt.cc/MvMW
現金流量表的資料來源：http://ppt.cc/yoeAg

02 2330 台積電

損益表　損益表資料來源：http://ppt.cc/ottF

現金流量表

資產負債表

資產負債表資料來源：http://ppt.cc/gfVFN

年份→	2013	2014	2015
現金與約當現金 (佔總資產%)	19.21	24.0	34.0
應收帳款 (佔總資產%)	5.69	7.69	5.16
存貨 (佔總資產%)	2.97	4.44	4.05
流動資產 (佔總資產%)	28.38	41.9	45.1
總資產 (佔總資產%)	100	100	100
應付帳款 (佔總資產%)	1.29	1.56	1.19
流動負債 (佔總資產%)	15.03	13.5	12.8
長期負債 (佔總資產%)	17.85	16.6	13.4
股東權益 (佔總資產%)	67.12	69.9	73.8
總負債+股東權益 (佔總資產%)	100	100	100

代表好公司

類別	財務比率　年份	2013	2014	2015
財務結構	負債佔資產比率(%)	32.88	30.06	26.24
	長期資金佔不動產/廠房及設備比率(%)	135.4	158.17	169.34
償債能力	流動比率(%)	188.9	311.17	351.86
	速動比率(%)	168.57	278.03	319.58
經營能力	應收款項週轉率(次)	9.11	8.12	8.37
	平均收現日數	40.06	44.95	43.6
	存貨週轉率(次)	8.39	7.42	6.49
	平均銷貨日數 (平均在庫天數)	43.5	49.19	56.24
	不動產/廠房及設備週轉率(次)	0.85	0.95	1.01
	總資產週轉率(次)	0.54	0.55	0.54
獲利能力	資產報酬率(%)　RoA	17.11	19.33	19.62
	權益報酬率(%)　RoE	24	27.88	27.04
	稅前純益佔實收資本比率(%)	83.11	116.51	135.14
	營業毛利率(%) ①	47.06	49.52	48.65
	營業利益率(%) ②	35.08	38.79	37.94
	經營安全邊際率 %=②/① 愈大愈好	74.54	78.33	77.99
	純益率(%) = 淨利率	31.49	34.58	36.34
	每股盈餘(元)	7.26	10.18	11.82
	稅後淨利　單位:百萬元	188,019	263,764	306,556
現金流量	現金流量比率(%)	183.05	209.7	249.67
	現金流量允當比率(%)	88.35	92.15	103.82
	現金再投資比率(%)	12.16	13.04	13.76
	營業活動現金流量 (from 損益表) 單位:百萬元	347,384	421,524	529,879
	投資活動現金流量 (from B/S左邊) 單位:百萬元	(281,054)	(282,421)	(217,246)
	理財活動現金流量 (from B/S右邊) 單位:百萬元	32,106	(32,328)	(116,734)

至於財務結構狀況不佳的公司，首先要確認負債佔資產比率是否大於70％，這時需要特別小心，因為這個比率一旦超過80％，通常代表這家公司即將發生大事！

再來，請參考圖表5-7，我們還要同步驗證以下三個指標：

1 **營業毛利率**：這還一門好生意嗎？

2 **營業利益率**：公司還有賺錢的真本事嗎？

3 **現金與約當現金**：公司的財務結構這麼差，通常在外面已經借不到

錢了。它手上的現金多不多？它還能撐多久？

圖表 5-7 綜合驗證壞公司的關鍵指標

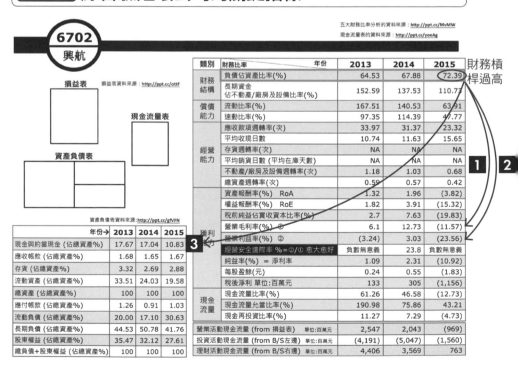

復興航空這家2016年宣佈停業的公司，再度驗證了前面提到的重要觀念：負債佔資產比率一旦超過80％，這些公司將面臨嚴峻的生死存亡之戰。

尤其是2008年底發生全球金融海嘯之後，各國上至政府、下至上市櫃公司，大家都致力於「現金為王」與「去槓桿化」（Deleverage）兩個動作。所謂「去槓桿化」，指的就是負債佔資產比率要逐步縮小（那根棒子的位置往上移），才能有較好的體質渡過景氣大幅波動的風險。

D2 長期資金佔不動產、廠房及設備比率

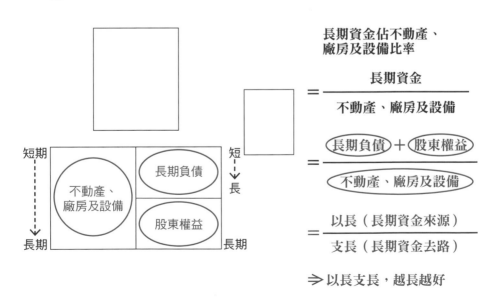

這個公式的名稱和說明很饒舌，不過它的中翻中很好記：**以長支長，越長越好**。

為什麼會突然出現這麼一個奇怪的公式呢？因為金融業的行業特性是：**晴天借傘、雨天收傘**。

一家公司剛創立時，沒有什麼經驗，手上資金也不足。奮鬥幾年之後，好不容易存活下來，為了持續茁壯，開始向外部借錢進行擴大投資。但因為這些中小企業平時太忙，忘了要養成與銀行往來、保持良好關係的習慣，加上這些中小企業的老闆平常並不會花心力在財報的完整性，所以銀行通常不太會借錢給這些真正需要資金發展的企業家。

創業家心中可能會這樣吐嘈：我能不能活下來都是一個問題，哪來的美國時間整理財務報表！而且，就是因為我現在手上沒錢，才會去外面借錢！可是，對銀行來說，如果平常沒有互相往來，加上欠缺完整的財務報表可以分析，他們這時候也不了解這些中小企業的真實狀況。

這些急需資金的企業，為了活下去或因應快速成長所需，只能到處向朋友週轉，或找地下錢莊借錢，於是發生了一個企業經營中的致命危機：以短支長。

也就是說，這些老闆拿了短期的資金，去支應投資公司長期發展所需的機械設備廠房。

這是一個嚴重的致命危機，一般人聽到都會覺得難以置信。但是，

如果您與筆者一樣，有多次創業經驗，或是親身經歷過週轉不靈的情況，您就會發現，這種致命危機幾乎天天發生在不同的人身上。

真實案例 基隆「蝦冰蟹醬」爆倒千萬元

基隆市知名海鮮冰店「蝦冰蟹醬」，2003年推出以海鮮融合冰品，包括墨魚冰、蝦子冰、干貝冰一球球特色美食，在基隆打出知名度，也接受了大量的電視、報紙採訪，生意蒸蒸日上。女老闆薛麗妮2013年還在中正路上開餐廳，但才一年時間就爆發財務危機，傳出欠債上千萬元，6月30日關門大吉之後，薛麗妮便失聯了。

朋友透露，薛麗妮之前跟地下錢莊借錢，還到處找朋友入股，卻無法解決龐大的財務問題，甚至曾被人目擊她遭地下錢莊兄弟強押到銀行領錢還債。

創業大不易，生意興隆卻發生這種事，令人不勝唏噓。這就是筆者所說的致命危機：以短支長的嚴重錯誤！

或許您會說，企業家或老闆才會碰上這種事，一般上班族根本就不會犯這種錯！

遺憾的是，一般上班族更容易發生這種短債長投的致命錯誤。

還記得2004～2005年的雙卡風暴嗎？雙卡指的是信用卡與現金卡，當時很多民眾利用這種工具來支應生活所需，這就是犯了以短支長的致

命危機，造成上千人被迫自殺結束生命。

這群朋友其實根本沒有犯下什麼滔天大罪，只是因為缺錢，使用了短期的資金工具（信用卡、現金卡、甚至地下錢莊）來週轉家庭的長期生活所需，導致人生就這樣突然畫下句點。

即使到了2016年5月，不少媒體還持續報導這件事情：雙卡風暴十年遺毒，中年卡奴至今難脫債務。這種命運實在令人不勝唏噓。

因此，在投資的領域，您絕對不能投資這種以短支長、出現致命危機的公司！大家絕對不能忽視這個指標。接下來，我們同樣以那六家表現穩健的公司為例（詳見圖表5-8），來看看他們的表現。

圖表5-8 六家公司的以長支長狀況

2015年年報資料	大立光 3008	台積電 2330	中碳 1723	統一超 2912	巨大 9921	鴻海 2317
D1 負債佔資產比率（那根棒子的高低）	24.53%	26.24%	19.3%	65.22%	55.59%	54.06%
D2 長期設備佔不動產、廠房及設備比率（以長支長，越長越好）	315.48%	169.34%	267.2%	177.7%	275.19%	371.85%

資料來源：公開資訊觀測站

　　藉此我們可以看出，任何一家穩健經營的上市櫃公司，都不會發生「以短支長」的致命危機。一旦看到 D2 這個指標的比率偏低，不到100％，您就要特別小心了。

　　最後，讓我們透過公開資訊觀測站的財報表格（如圖表5-9），再次複習「財務結構」的重要觀念與閱讀技巧。

圖表 5-9 財務結構的閱讀技巧

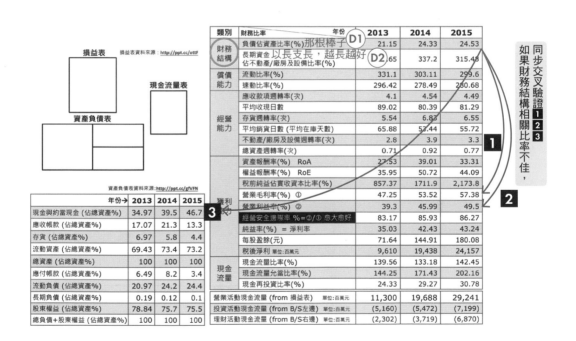

類別	財務比率　　　　　年份	2013	2014	2015
財務結構	負債佔資產比率(%) D1	21.15	24.33	24.53
	長期資金佔不動產/廠房及設備比率(%) D2	65	337.2	315.48
償債能力	流動比率(%)	331.1	303.11	299.6
	速動比率(%)	296.42	278.49	280.68
經營能力	應收款項週轉率(次)	4.1	4.54	4.49
	平均收現日數	89.02	80.39	81.29
	存貨週轉率(次)	5.54	6.83	6.55
	平均銷貨日數 (平均在庫天數)	65.88	53.44	55.72
	不動產/廠房及設備週轉率(次)	2.8	3.9	3.3
	總資產週轉率(次)	0.71	0.92	0.77
獲利能力	資產報酬率(%)　RoA	27.53	39.01	33.31
	權益報酬率(%)　RoE	35.95	50.72	44.09
	稅前純益佔實收資本比率(%)	857.37	1711.9	2,173.8
	營業毛利率(%) ①	47.25	53.52	57.38
	營業利益率(%) ②	39.3	45.99	49.5
	經營安全邊際率 %=②/① 愈大愈好	83.17	85.93	86.27
	純益率(%) = 淨利率	35.03	42.43	43.24
	每股盈餘(元)	71.64	144.91	180.08
	稅後淨利 單位:百萬元	9,610	19,438	24,157
現金流量	現金流量比率(%)	139.56	133.18	142.45
	現金流量允當比率(%)	144.25	171.43	202.16
	現金再投資比率(%)	24.33	29.27	30.78
	營業活動現金流量 (from 損益表) 單位:百萬元	11,300	19,688	29,241
	投資活動現金流量 (from B/S左邊) 單位:百萬元	(5,160)	(5,472)	(7,199)
	理財活動現金流量 (from B/S右邊) 單位:百萬元	(2,302)	(3,719)	(6,870)

損益表資料來源：http://ppt.cc/ottf

損益表

現金流量表

資產負債表

資產負債表資料來源：http://ppt.cc/gfVFN

年份→	2013	2014	2015
現金與約當現金 (佔總資產%)	34.97	39.5	46.7
應收帳款 (佔總資產%)	17.07	21.3	13.3
存貨 (佔總資產%)	6.97	5.8	4.4
流動資產 (佔總資產%)	69.43	73.4	73.2
總資產 (佔總資產%)	100	100	100
應付帳款 (佔總資產%)	6.49	8.2	3.4
流動負債 (佔總資產%)	20.97	24.2	24.4
長期負債 (佔總資產%)	0.19	0.12	0.1
股東權益 (佔總資產%)	78.84	75.7	75.5
總負債+股東權益 (佔總資產%)	100	100	100

同步交叉驗證 1 2 3

如果財務結構相關比率不佳，

那根棒子 以長支長，越長越好

實戰分析練習

　　透過以上的簡單分析，相信您對「財務結構」、公司負債狀況的觀念與邏輯，已經具有立體的閱讀觀。接下來，請您拿出本書附贈的32家公司財務報表紙卡，進行分析練習。熟能生巧，相信下一次您再看到這些數據，就有輕鬆解析關鍵指標的能力，再也不會恐慌囉！

公司名稱 股票代號		指標 D　　財務結構＝那根棒子，位置越高越好		您覺得自己投資下去後，這家公司的財務結構（那根棒子）是否穩健？會不會發生以短支長的致命危機？
		重要性50分	重要性50分	
		D1 負債佔資產比率（位置越高越好）	D2 長期資金佔不動產、廠房及設備比率（以長支長，越長越好）	
01	大立光 3008			
02	台積電 2330			
03	中碳 1723			
04	廣隆光電 1537			
05	皇田工業 9951			

06	友通資訊 2397			
07	佳格 1227			
08	聯鈞 3450			
09	為升 2231			
10	日友 8341			
11	中興保全 9917			
12	神基科技 3005			
13	寶成工業 9904			
14	台數科 6464			
15	巨大 9921			
16	恆大 1325			
17	邦特生技 4107			
18	可寧衛 8422			
19	帆宣科技 6196			

20	台達電 2308			
21	帝寶 6605			
22	新光保全 9925			
23	中華電信 2412			
24	旭隼 6409			
25	萬洲化學 1715			
26	劍麟 2228			
27	數字科技 5287			
28	卜蜂 1215			
29	振樺電 8114			
30	統一超 2912			
31	鴻海 2317			
32	中鋼 2002			

※本表並非報明牌！本書所附贈之各公司財務報表，皆為筆者隨機在公開資訊觀測站選出的公司。

※投資一定有風險，股票投資有賺有賠，買股前請詳閱公開說明書（財務報表）。

Chapter

6

▼

從償債能力破解
公司的還錢本事

　　恭喜您，這趟學習財務報表重點分析、挑對好股的旅程快要接近尾聲了。接下來，就來介紹本書五大關鍵數字力的最後一個指標：**償債能力**。在開始說明前，我們一樣先把財經專家們饒舌的文言文「中翻中」。償債能力的中翻中是：

你欠我的，能還嗎？還越多越好！

　　償債能力在公開資訊觀測站的五大財務比率分析的位置，如圖表6-1中的紅框所示。我們將陸續解析其中兩個觀察指標：(E1)流動比率，以及(E2)速動比率。

圖表 6-1
償債能力在五大財務比率分析的位置

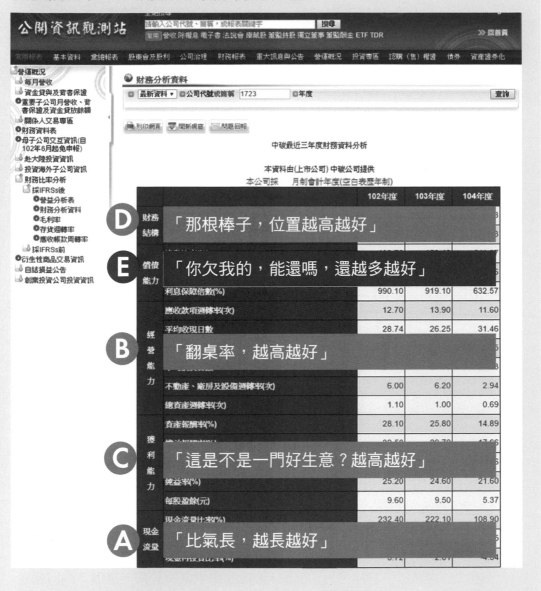

E1 流動比率：你欠我的能還嗎？

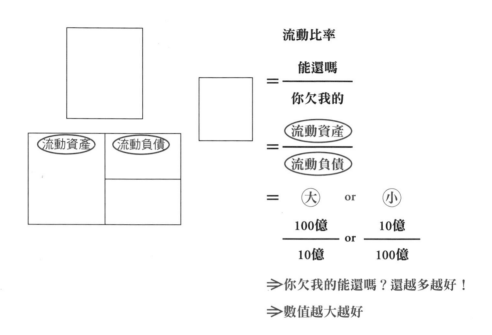

我們用中翻中來分析上面的公式，就會發現：

（a）分母是流動負債，「你欠我的」。

（b）分子是流動資產，「能還嗎」。這指的是：我們要拿什麼來還
　　　呢？當然是公司的流動資產。

而一家公司最重要的流動資產，主要有三個：

（i）現金與約當現金　　（ii）應收帳款　　（iii）存貨

流動比率這個指標，應該是越大越好，還是越小越好？我們就以公式中的數據來說明。

例如，一家公司欠了銀行短期負債10億元，不過該公司擁有100億的流動資產，所以若要償還10億元的短期負債，應該相當輕鬆，完全沒有壓力。

又例如，公司對外的短期負債高達100億元，但手上只有10億元的流動資產。如果債權人這時要求公司償還短期負債，則公司還欠缺90億元流動資產，代表該公司的短期償債能力可能出現嚴重壓力。

所以，用常識來分析，「流動比率」的數據越大越好，代表這家公司對於「你欠我的，能還嗎？」的答案是：我能還，而且可以還很多。

通常一家公司的流動比率≧200％，就算是不錯了。但筆者在投資理財時，是以保本穩健投資為原則，儘量避開會讓我們血本無歸的爛公司，而沒有償債能力的公司，就屬於爛公司的一種。所以對筆者來說，適合投資的公司，流動比率會要求最好是≧300％，而且是近三年皆是如此。

●防止流動資產造假，綜合檢驗指標

為什麼要這麼嚴格？因為前面提到，一家公司的主要流動資產，是現金與約當現金、應收帳款與存貨這三種短期資產。萬一該公司的短期資產，多半是收不回來的應收帳款，或是一直賣不出去的庫存，那要怎麼辦？

即使是收不回來的應收帳款，只要是尚未變成呆帳前，都會一直掛在公司的資產負債表上！同理，如果公司遲遲不願意將已經無法銷售出去的存貨，以呆料方式打銷的話，則公司的存貨金額也會一直記入資產負債表！

為了防止少部份惡質的上市公司，過度美化該二項短期資產在財報中的數字，所以筆者個人進行投資時，才會要求流動比率最好要≧300％。

如果該公司的流動比率只有≧200％，不符合筆者投資的基本要求時，我會再交叉驗証以下三個指標：

1 **現金與約當現金**：手上的現金充足嗎？如果該公司的流動比率無法超過300％，那麼當然會希望它持有的現金越多越好，代表它越有償還能力。

2 **應收帳款收現天數**：是否需要很久才能收回款項？我會特別留意該公司在這個指標的表現，是否勝過業界的平均值。

3 **存貨在庫天數**：如果流動比率不夠高，為了確保該公司具有一定的償債能力，就得關注它的產品好不好賣，跟業界相比是屬於暢銷或滯銷？一家公司的存貨在庫天數越短越好，商品熱銷、收到大量貨款，自然就有能力改善或優化償債能力。

再次提醒讀者：財務報表分析是一種動態觀念。相對應的交叉驗證順序，請參考圖表6-2。

圖表 6-2 流動比率的交叉驗證順序

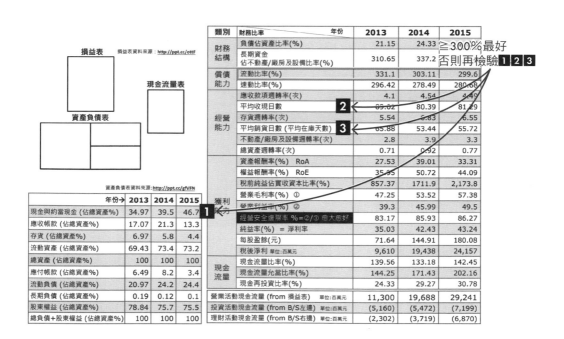

接下來，我們看看那六家公司的「流動比率」實際數據表現如何
（詳見圖表6-3）。

圖表 6-3 六家公司的流動比率交叉驗證

2015年年報資料		大立光 3008	台積電 2330	中碳 1723	統一超 2912	巨大 9921	鴻海 2317
E1 流動比率 ≧300%最好		299.6%	351.86%	433.7%	98.67%	151.95%	169.32%
若未超過 300%	1 現金多不多	E1 已達標 無須交叉驗證			25.72%	17.1%	28.5%
	2 應收帳款天數是否太長				7.5天	68.6天	55.98天
	3 存貨在庫天數是否太長				29.27天	108.3天	37.01天
流動比率最終判斷		非常好	非常好	非常好	非常好	還不錯	非常好

可以看到，大立光、台積電與中碳這三家公司的流動比率非常好，
都大於300％。但另外三家的流動比率未達標準，就需要進一步驗證 **1**
、**2**、**3** 的指標。

這時就會發現，他們交叉驗証後的表現相當不錯，尤其是各公司手
上的現金與約當現金佔總資產的比率，都介於17～28％。還記得「比氣

長，愈長愈好」這句話嗎？我們要求現金佔總資產的指標最好介於10％到25％。所以綜合判斷之後，即使這三家公司的流動比率未達300％，他們的償債能力仍然合格，而且相當不錯唷！

E2 速動比率：你欠我的，能速速還嗎？

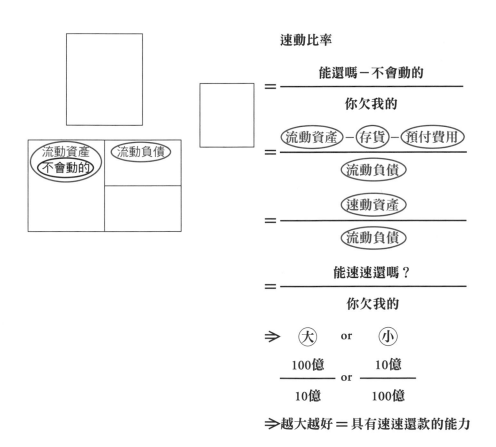

速動比率

$$= \frac{\text{能還嗎} - \text{不會動的}}{\text{你欠我的}}$$

$$= \frac{\text{流動資產} - \text{存貨} - \text{預付費用}}{\text{流動負債}}$$

$$= \frac{\text{速動資產}}{\text{流動負債}}$$

$$= \frac{\text{能速速還嗎？}}{\text{你欠我的}}$$

⇒ 大 or 小

$$\frac{100億}{10億} \quad or \quad \frac{10億}{100億}$$

⇒越大越好＝具有速速還款的能力

　　這個指標主要是輔助「流動比率」指標的不足之處，因為流動比率中的分子是「能還嗎？」，指的是該公司手上的流動資產，是否足以償還對外的短期負債。但是流動資產中，並不是每項資產都真正具備足夠的價值。

　　尤其是存貨，因為市場需求與消費者的喜好時常變動，一旦存貨放得太久，雖然在帳面上還有價值，市場上卻未必有對應的價值，因為存放得過久的存貨，可能完全賣不出去。例如，現在是2016年年底，如果該公司是賣手機的通路商，公司的倉庫仍有一萬支前年進貨的iPhone4未售出，此時這些未售出手機庫存的市場價格，可能遠低於當時公司的進貨成本。

　　所以，「速動比率」的公式中，分母與「流動比率」是一模一樣。唯一的差別在於分子的變化：

「速動比率」公式的分子＝能還嗎－不會動的（流動資產）

　　那麼一家公司主要的流動資產中，有那些不會動（不容易馬上變成現金的流動資產）？

　　如前所述，第一個不會動的流動資產就是存貨，所以先扣除。

　　除了存貨不太會動（不容易變現）之外，還有另一個流動資產叫

「預付費用」。您可以將它想成是您的流動資產，但已經先預付給第三方了。這些預付出去的費用是您的資產，但您能馬上拿回來、變成現金的機率非常低，所以它也是屬於一種「不會動的流動資產」。

例如，您打算加入某一家健身房的三年VIP會員，需要預繳會費五萬元。在您個人的資產負債表中，這五萬元會列為流動資產的「預付費用」。假設某一天，您剛好急缺現金，可能是要償還之前和親友週轉的錢，但這五萬元的預付費用，雖然名義上是您的流動資產，您卻無法即時拿回來，所以它是屬於「不會動的流動資產」。

這個指標應該是越大越好，還是越小越好？如同前面「流動比率」分析一樣，當然是越大越好。

實務上，筆者自己進行投資時，會要求該公司**近三年的速動比率大於150%**。但如果您非常想投資那家公司，它的速動比率卻未達標時，有沒有其他替代指標可以觀察嗎？確實有，當出現這種讓人非常想投資，但速動比率不如想像中好的公司時，我同樣會再交叉驗證下列三個指標：

1 **現金與約當現金**：首先需要交叉檢驗的指標，跟筆者在討論「流動比率」時要求時觀看的替代數據一樣。公司手中的現金多不多？當然是越多越好，越有能力速速償還債權人的短期負債。

2 **應收帳款收現天數**：跟前面相同，這也是需要檢驗的數據。萬一哪天債權人不願意借錢給公司，突然要求公司速速償還之前欠的短期債務，此時公司如果屬於「天天收現金」的生意模式，比較有能力馬上變出現金，償還給該債權人。即使速動比率＜150％，如果應收帳款收現天數能夠小於15天，筆者會認定該公司仍具有速速還款的能力。

3 **總資產週轉率**：還記得「翻桌率，越高越好」這句話嗎？假設這家公司前面幾個指標全都不符合，那它的總資產週轉率絕對不能小於1。因為小於1，代表這家公司是資產密集（很燒錢）的行業，結果它手上的現金低於10％，又不是收現金的行業，此時速速還債能力「速動比率」又偏低，一旦市場有風吹草動或突然出現非預期的黑天鵝事件，該公司可能會立刻陷入危機。台灣上市櫃公司約有2000家，投資理財千萬不要將自己的資金，放在遇上景氣波動就會陷入危機的公司，大家別與自己存的辛苦錢過不去！

　　財務報表是一種立體交叉的動態分析技巧，光是營收、獲利或EPS創新高等單一指標表現優越，都不足以判讀公司真正的經營狀況。以「速動比率」指標分析為例，相對應的交叉驗證順序，請參考圖表6-4。

圖表 6-4 速動比率的交叉驗證順序

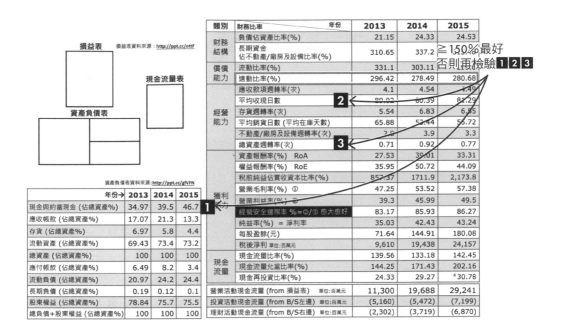

　　瞭解速動比率與輔助的三個判斷指標之後，我們一樣來看看下列六

家公司的表現（詳見圖表6-5），切實判斷他們在「速速還債能力」方

面的高低。

圖表 6-5 六家公司的速動比率交叉驗證

2015年年報資料		大立光 3008	台積電 2330	中碳 1723	統一超 2912	巨大 9921	鴻海 2317
E2 速動比率 ≧150%最好		280.68%	319.58%	359.8%	72.96%	88.77%	127.75%
若未超過150%	1 現金多不多 至少＞10%				25.72%	17.1%	28.5%
	2 應收帳款天數 是否太長 最好＜15天	E2 已達標 無須交叉驗證			7.5天	68.6天	55.98天
	3 總資產週轉率 最好不要＜1 （燒錢）				2.35 趟／年	1.33 趟／年	1.88 趟／年
流動比率最終判斷		非常好	非常好	非常好	非常好	還不錯	非常好

實戰分析練習

　　透過以上的簡單分析，相信您對「償債能力」分析的方法與邏輯，已經具有立體的閱讀觀。接下來，請您拿出本書附贈的32家公司財務報表紙卡進行練習。熟能生巧，相信下一次您再看到這些數據，就有輕鬆解析關鍵指標的能力，再也不會恐慌囉！

公司名稱 股票代號		指標 Ⓔ　償債能力＝你欠我的能還嗎？ 還愈多越好		您覺得自己投資下去 後，萬一發生突發狀 況或黑天鵝事件，這 家公司有足夠的償債 能力嗎？能速速還款 嗎？
		重要性50分	重要性50分	
		Ⓔ1 流動比率（你欠我 的能還嗎？）	Ⓔ2 速動比率（你欠我的能速 速還嗎？）	
01	大立光 3008			
02	台積電 2330			
03	中碳 1723			
04	廣隆光電 1537			
05	皇田工業 9951			
06	友通資訊 2397			
07	佳格 1227			
08	聯鈞 3450			
09	為升 2231			

10	日友 8341			
11	中興保全 9917			
12	神基科技 3005			
13	寶成工業 9904			
14	台數科 6464			
15	巨大 9921			
16	恆大 1325			
17	邦特生技 4107			
18	可寧衛 8422			
19	帆宣科技 6196			
20	台達電 2308			
21	帝寶 6605			
22	新光保全 9925			

23	中華電信 2412			
24	旭隼 6409			
25	萬洲化學 1715			
26	劍麟 2228			
27	數字科技 5287			
28	卜蜂 1215			
29	振樺電 8114			
30	統一超 2912			
31	鴻海 2317			
32	中鋼 2002			

※本表並非報明牌！本書所附贈之各公司財務報表，皆為筆者隨機在公開資訊觀測站
　選出的公司。

※投資一定有風險，股票投資有賺有賠，買股前請詳閱公開說明書（財務報表）。

Chapter

7

▼

一小時精挑賺錢績優股

　　財務報表不是完美的工具，但只要稍微懂得如何閱讀報表，就能避開80％以上的爛公司。另外20％的公司，如果是老闆刻意心術不正，在財務報表上就幫不上忙了。

　　接下來，筆者匯集前六章介紹的五大數字力（如圖表7-1），請大家依照Ⓐ、Ⓑ、Ⓒ、Ⓓ、Ⓔ這樣的重點順序閱讀財務報表，就能建立用財報判斷選股的立體閱讀順序，快速掌握一家公司的投資價值。

用財報判斷選股的閱讀順序

Ⓐ 現金流量＝比氣長，愈長愈好

　　先看這個指標的原因，是要幫助大家避開任何在裸泳的爛公司，現金在手才能比氣長。有三個重點指標要注意：

Ⓐ１ **大於「100／100／10」**：現金流量比率、現金流量允當比率、現金再投資比率，要滿足大於＞100％、100％、10％的原則。

Ⓐ２ **現金佔總資產比率**：確認這個數據是否介於10～25％。如果該公司屬於資本密集（燒錢）的行業，這個數據最好要比25％更高。

圖表 7-1
公開資訊觀測站財報資料的「中翻中」

Ⓐ3 **平均收現天數**：如果前兩個指標都不夠好，那就要看看它是不是天天收現金了。理想狀況是平均收現天數＜15天。

比氣長，愈長愈好，您閱讀的順序是Ⓐ1 Ⓐ2 Ⓐ3，但三個指標的重要性分別為Ⓐ2＞Ⓐ3＞Ⓐ1，其中最重要的是Ⓐ2，重要性高達70％。

Ⓑ 經營能力＝翻桌率，越高越好

確定要投資的公司不會因為缺乏現金而突然陣亡之後，我們接下來要瞭解它的經營能力，判斷它在景氣循環過程中，是否有良好經營的能耐。其中，有三個重點指標要注意：

Ⓑ1 **總資產週轉率**：先看這個數據是否＞1，因為大於1是基本的要求。如果小於1，代表該公司經營的是燒錢（資本密集）的行業，這個時候，您應該馬上回頭再檢查Ⓐ2現金存量是否至少介於10～25％？此時現金存量最好是大於25％以上較佳。但如果未達標，則Ⓐ3平均收現天數建議要小於15天（小於15天，代表這家公司是收現金交易的行業）。

Ⓑ2 **平均銷貨日數**：這家公司的產品好不好賣？熱不熱銷？這個數據可以與其他同業相比，來判斷怎樣的銷貨日數才算是合理。

B3 **平均收現日數**：有沒有客戶買了之後不想付錢，變成呆帳的狀況？
如果是收現金的行業，這個指標就會＜15天。如是不是收現金的行
業，則平均收現日數通常都介於60～90天，如果應收帳款的平均收
現日數＞90天，最好再深入瞭解：是該公司的收款能力特別弱？還
是行業內的普遍性作法？永遠要記得，一家只會銷售卻無法即時收
回貨款的公司，日後將會出現很多意想不到的呆帳，所以這個指標
也非常重要。

　　三者的閱讀順序與重要性皆相同，分別為**B1**、**B2**、**B3**，因為它代
表一家公司的整體經營能力。

ⓒ 獲利能力＝這是不是一門好生意？越高越好

　　確認完畢您投資的公司氣很長，又有基本的經營能力之後，第三個
接著要分析的重要判斷指標，就是獲利能力。如果您手上剛好有二個投
資機會，一家是毛利高又有前景的公司，另一家公司則是低毛利且景氣
波動較大的公司，您會投資那一家？當然是選前面那一家公司，對吧！
所以，獲利能力最重要的觀念就是「這是不是一門好生意」，如果它又
是一門長期穩定的生意，那就更棒了。

　　為了瞭解一家公司的獲利能力，您需要關注下列六個指標，分別為：

C1 **毛利率**：公司的主要業務有沒有搞頭？生意好不好賺？就看這個數據了。毛利率愈高愈好，代表這真是一門好生意，但您也要思考下一個問題：這家公司守得住高毛利率嗎？因為只要毛利率夠高，接下來將有一堆競爭者聞風而來，如果這家公司沒有過人的研發與新產品開發能力，這種高毛利率可能只是曇花一現？另外也要觀察這家公司是否是連續幾年都能維持高毛利？還是只有今年如此，因為該公司剛好出現偶一為之的爆紅商品所致？

相反的，一家公司的毛利率偏低，代表該市場競爭激烈，為了獲利通常只能靠規模經濟（量大）來降低成本。為了取得足夠的規模，勢必要主攻幾個超級大客戶，但即使一切順利，成功搶到這些知名大客戶，日後只要任一家大客戶離開，這家公司就可能立刻由獲利轉為巨額虧損。別忘了，實務上每一家所謂的大客戶，基本上很少有「忠誠度」，都是貨比三家、到處轉單，追求最低的製造成本。

所以，低毛利率的行業要「持續」生存下來，實在非常不容易。如果您有更好的投資機會，應該跳過毛利率過低的投資標的。

C2 營業利益率：有沒有賺錢的真本事？這指的是公司好不容易賺進來的毛利，扣除基本的費用開銷（包含行銷費用、管理費用、研發費用、折舊與分期攤銷等費用後），公司還能賺錢嗎？不同行業、不同規模的公司，在營業利益率方面會有明顯差異，大原則是要跟同業比較。

經驗法則告訴我們費用率（＝毛利率－營業利率率＝ C1 － C2）如果小於10％，通常代表這家公司具有相當不錯的規模經濟；如果小於7％以下，代表這家司不但很有規模，也非常地節省在經營事業；如果費用率大於20％，一般說來則是品牌公司或是未達規模經濟的新行業，例如生技行業或是網路行業等。

這個指標也超級重要，就像一個男人的月薪是20萬元，但他每月的基本費用銷是50萬元（費用率太高，高過一般人），除非他是富二代，要不然他的生活長期來看，肯定會暗無天日，最後被迫四處借錢週轉才能生活。這個時候，單身的您，千萬不要投資他（嫁給他）唷。

C3 經營安全邊際（ C2 除以 C1 ）：這個數據如果＞60％，代表這家公司有較寬裕的獲利空間，在面臨景氣波動，或是競爭者不理性殺價競爭時，比較有寬裕的空間可以因應。

C4 **淨利率（純益率）**：至少要＞2％才值得投資。因為一家公司扣除給政府的相關稅金之後，淨利率還要超過從銀行體系取得資金的成本（至少2％），才算是真正擁有基本的賺錢能力。因為如果一家上市櫃公司的淨利率，努力十多年後都還達不到1％，其實這家公司老闆的錢應該要直接拿去定存（至少有1％以上的利息收入），或是轉投資其他有前景的行業，如此運用資金才是較佳的配置。

C5 **每股獲利（EPS）**：將獲利的總金額，換算成以每股為基準。這個數據除了要越高越好，還要注意它每年的變化，來判斷這家公司是否能穩定獲利，還是已經呈現下滑的跡象。最簡單的方式，就是觀察發生大事的那幾年（例如2008、2009、2012年），該公司是否仍能保持穩定的EPS。

C6 **股東報酬率（RoE）**：這是股神巴菲特最看重的三個指標之一，理想中要＞20％。

❶ 財務結構＝那根棒子，棒子的位置越高越好

財務結構談的是一家公司的財務體質好不好？公司的股東出資了多少錢投資公司（有挺公司嗎）？公司對外的負債會不會太多？有沒有發生致命的以短支長（拿短期資金支應長期投資所需）等情事？其中有二個重要的觀察指標分別如下：

(D1) **負債佔資產比率**：指的是那根棒子的位置高低。位置偏高，代表股東出資的比較多，因為既然好賺，當然是肥水不落外人田，所以棒子的位置偏高比較好，也代表這是一家好公司。一旦您判斷這是一家股東都很挺的公司，您可以同步觀察另兩個指標：(C1)毛利率（是不是一門好生意）、(C2)營業利益率（有沒有賺錢的真本事），透過這三個小指標一起看，就能藉此建構立體的分析觀念，也能交叉驗證這是不是一家真正值得投資的好公司。

如果棒子偏低，代表這家公司的負債總額過高，暗示著股東不太支持公司，此時這種公司的(C1)毛利率、(C2)營業利益率會偏低甚至變成負數，萬一遇到這種情況，請立刻去驗證最重要的第三個指標：(A2)現金佔總資產的比率。因為如果公司持續虧錢，負債佔資產比率太高，此時假設公司手中的現金又不多，一旦發生銀行抽銀根的情況，您投資的這家公司可能會立刻陷入財務危機。

(D2) **長期資金佔不動產、廠房及設備比率**：這個指標代表的是「以長支長」的觀念，當然是越長越好。企業的致命錯誤之一，就是犯下「以短支長」的錯誤，拿短期資金（如向地下錢莊借錢）支付長期發展所需或無法快速回收的機械設備廠房等支出，通常最後都會以破產收場。

Ⓔ 償債能力＝你欠我的，能還嗎？還越多越好

最後一個要觀察的指標就是一家公司對外的償債能力，償債能力愈好，債權人就不會天天擔心到處詢問公司有沒有問題；償債能力愈低，市場流言就愈多，有時一個謠言就能引發相關債權人對該公司的信任驟失，最後也間接害死了一家公司。為了避免市場出現不實的謠言傷害公司，最好的方式就是：每一家公司都應該建立適度安全的償債能力。以下二個指標，就能看出一家公司的償債能力良窳。

Ⓔ1 **流動比率：**「你欠我的，能還嗎？」這個數值最好要＞300％，否則我們要進一步觀察三個指標，再做最後的綜合判斷：Ⓐ2公司手上的現金多不多？Ⓑ3應收帳款的收現日數是否比業界平均的表現要好？Ⓑ2商品的庫存天數會不會太長？

Ⓔ2 **速動比率：**「你欠我的，能速速還嗎？」這一項數值最好要＞150％。它主要是用來輔助Ⓔ1流動比率的不足，扣除流動資產當中「不會動」的資產，確認公司有「速速還」的能力，而不是靠著存貨、預付費用等不太容易變現的資產項目美化報表（讓投資人以為公司還有很多值錢的流動資產，問題是那些存貨可能根本賣不出去、預付費用已經給了第三方，雖然帳面上是屬於公司的資產，但根本無法拿出來使用，所以這二個流動資產科目是屬於「不會動」的流動資產唷）。

速動比率不夠好的公司，也可以再交叉觀察其他三個指標來做最後的綜合判斷：

(A2) 公司手上的現金是否大於10％？現金越多，越有承受短期負債還款危機的本事。

(B3) 平均收現日數是否小於15天？如果現金不足，公司最好是屬於天天收現金的行業，確保公司天天有錢進來；萬一突然出現債權人來討債，也才會有現金處理償債的事情。

(B1) 總資產週轉率是否大於1？當這個指標小於1，代表屬於資本密集（燒錢）的行業。如果一家公司沒現金，收錢的速度慢，又是經營燒錢的行業，用常識判斷都能知道投資它實在太危險了。

好投資是「買企業」，不是「買股票」

在股市投資理論中，有一個術語叫做Beta值，這是華爾街用來衡量風險的方式。

一家公司的股價波動越大，Beta值越高，代表投資該公司的風險越大。同理，當一家公司的股價波動越小，Beta值越小，代表投資這家公司的風險較低。

但是，如果有一家公司，它的財務報表表現相當亮眼，卻因為其他外在因素，大盤恐慌性下跌，該公司的股價也從100元狂跌到50元。

假設該公司的前景與公司經營狀況一如往常，沒有重大變化，而且該公司的客戶群平均分散在不同的行業別，不像一般的科技業公司，常面臨重要客戶突然轉單的大風險（例如Apple突然轉單，某些上市公司的營收與獲利能力便會嚴重受損）。該公司每年的獲利狀況穩定，近五年的EPS平均約為5元，且每年穩定配息3塊錢。

如果依照華爾街對Beta值的認知，該公司股價波動過大，所以投資風險非常高！但以上述的例子來看，其實這家公司是非常值得投資的對象，因為您每年的投資報酬率將高達6％（3／50＝6％）。

所以，真正的風險應該重新定義，而不是依照華爾街所謂的Beta值。

真正的「風險」定義是：你受傷的機率！

投資之後，你會受傷的機率很高，那就是「高風險」；你受傷的機率很低，就叫「低風險」。

現在您已經學會財報分析的關鍵技巧了，所以投資股票的觀念也應該升級為「買企業，而不是買股票」。

在股市獲利通常有兩種情況：「資本利得」，與「股息股利」。

如果您是為了賺價差（以資本利得為目的）而去投資某檔股票，以機率學的觀點來看，股價上漲、持平與下跌的機率，各為1/3。假設您的運氣非常好，加上眼光獨到，該公司的股價果真漲了，您還得面對兩個選擇：持續再買，還是現在就賣？

所以一般散戶賺取價差（資本利得）的成功機率（如圖表7-2）會是：

$$\frac{1}{2} \times \frac{1}{3} \times \frac{1}{2} = \frac{1}{12}$$

這就是為什麼我們常聽到：「10個散戶9個輸。」

巴菲特也這麼說：「在股市預測輸家，比預測贏家容易多了。」

如果您投資的觀念，升級為「買企業，而不是買股票」，您的思考模式應該會是這樣：我該買什麼企業，才能幫我穩穩地賺錢，供我退休後可以享受生活？我能不能買下更多的7-11、張忠謀先生經營的台積電、郭台銘先生的鴻海帝國，或是擁有一技之長的大立光等公司？

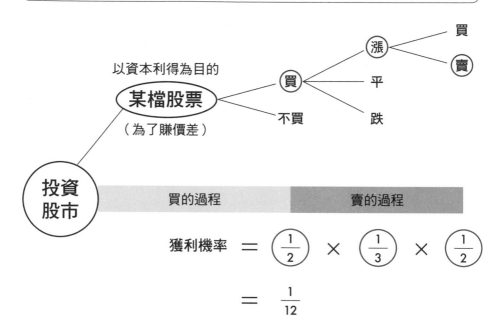

圖表 7-2 投資股市賺錢的流程與機率

您的理財方式將會變成：從財務報表中找出還沒有被其他投資人發現的原礦（被低估且價格很低），而不是被動、一窩蜂地的去追求在市場上已經被炒作追捧的鑽石（價格很貴）。

您應該要花更多心力去思考與學習：那些不論景氣好壞、居然能持續賺錢的好公司們，他們在財務報表上有沒有什麼共同點呢？當您找出其中的共通點，也許就找到屬於自己的投資致富密碼了。

這些好公司在財務報表的共通性可能是：

1. 公司經營保守穩健，手中留有很多現金。（現金流量：比氣長、越長越好）

2. 應收帳款與存貨的管理非常優異，做生意的完整週期又比業界其他競爭者要短。（經營能力：**翻桌率，越多趟越好**）

3. 這是不是一門好生意？有沒有賺錢的真本事？經營安全邊際高不高？是不是有持續增加研發能力以維持高毛利？股東報酬率好不好？（獲利能力：這是不是一門好生意）

4. 這家公司會不會過度使用財務槓桿？資金來源有沒有發生「以短支長」的致命錯誤？（財務結構：那根棒子，棒子的位置越高越好）

5. 這家公司短期的營運資金充足嗎？對外欠的短期負債有能力償還嗎？（償債能力：你欠我的，能還嗎？還越多越好）

我們回到剛才那家股價由100元跌至50元的公司。依照傳統華爾街的Beta值說法，這是一檔高風險的股票。但根據之前的假設，您知道這家公司的內部營運狀況並沒有重大變化，股價下跌純粹是因為市場不理性的恐慌性下殺，這個時候您進場投資受傷的機率很小，所以應該視為「低風險」。

在投資理財過程中，您自己就是自己人生中最重要的「風險控制長」。運用「買企業，而不是買股票」的投資理念，將會為您帶來雙重利潤（如圖表7-3）：

圖表 7-3 正確投資理念帶來的雙重利潤

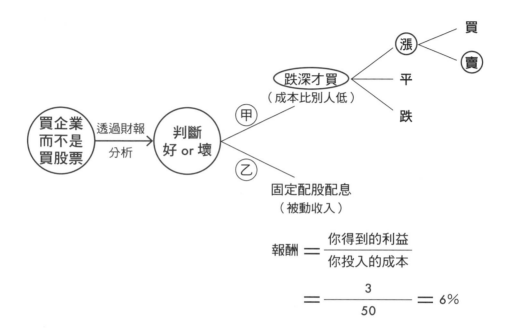

甲 **資本利得**：透過閱讀財務報表分析，選出好公司，然後在它股價被
錯殺、跌深之後才買入。您的持股成本會比別人低，加上這家公司
的體質本來就非常不錯，一旦市場回歸理性狀態，它的股價上漲的
機會，會比其他爛公司來得高，此時您獲取資本利得（賺到價差）
的機率也會比較大。

⼄ **被動收入**：即使在您投資之後，未來三年股市持續低迷，因為這家
公司的體質優良，您一樣每年都能拿到被動收入（固定領取的股息
或子股），每年平均報酬率高達6%（3／50＝6%）。

換句話說，「買企業，而不是買股票」的投資理念，可以讓您同時
擁有資本利得與被動收入的好處，進可攻、退可守。

此時您投資這一家公司的整體報酬率是：

甲＋⼄＝可能的價差利潤＋6%

這將遠遠贏過其他賭性堅強的投機客，因為投機客只看到甲所代
表的可能價差利潤（資本利得）。

股神巴菲特選股技術分析

自1965年起至今，華倫‧巴菲特每年都會寫一封信，給全球各地投
資波克夏公司的股東。由圖表7-4可以看出，從1965年到2015年年底，
股神巴菲特公司的帳面價值平均每年成長19.2%；該公司市價每年平均
成長20.8%；同期的標準普爾500指數（S&P 500），在這段期間則是平
均成長9.7%

乍看之下，兩者相差11％左右，感覺差異不大，但如果用金額來分析您應該會更有感覺。

假設您在1965年，投資了新台幣1萬元到波克夏公司的股票，而且在這五十一年期間，您都沒有賣出。

當初投資的1萬元，到了2015年年底，如果用該公司的2015年底的收盤股價來計算，當初的1萬元新台幣等於今天的1.598億新台幣。即使是用波克夏公司帳面的價值（每股淨值）來計算，當初的1萬元，也高達7989萬。

但如果當時您是在標準普爾500指數投資了1萬元，到了2015年年底，只值113.5萬。

這就是在本書第一章與大家分享的觀念：善用時間的力量，複利可以創造出奇蹟。只要慎選好公司，然後透過長期的投資，人生理財就能夢想成真。

所以投資股票前，請務必要閱讀財務報表，才能夠選出在事業經營上表現不錯的好公司。

另一方面，如果您仔細核對、比較這51年期間波克夏公司的 甲 淨值增長與 丙 標準普爾的數據表現之後*，您會發現兩件有趣的事情：

1. **風口上，豬也能飛上天**：股市大漲利多的期間，不管是好公司或爛公司，都是普天齊漲，只是漲幅大小不同而已。當投資股市成為全民運

---

* 筆者不選 乙 股價的數據，主要是因為影響股價的原因非常多，包含了投資大眾的預期心理等因素，故採用該公司 甲 淨值的資料進行比較

圖表7-4 波克夏各年度經營表現

Berkshire's Performance vs. the S&P 500

Year	甲 in Per-Share Book Value of Berkshire	乙 Annual Percentage Change in Per-Share Market Value of Berkshire	丙 in S&P 500 with Dividends Included	
1965	23.8	49.5	10.0	
1966	20.3	(3.4)	(11.7)	❶
1967	11.0	13.3	30.9	
1968	19.0	77.8	11.0	
1969	16.2	19.4	(8.4)	❷
1970	12.0	(4.6)	3.9	
1971	16.4	80.5	14.6	
1972	21.7	8.1	18.9	
1973	4.7	(2.5)	(14.8)	❸
1974	5.5	(48.7)	(26.4)	❹
1975	21.9	2.5	37.2	
1976	59.3	129.3	23.6	
1977	31.9	46.8	(7.4)	❺
1978	24.0	14.5	6.4	
1979	35.7	102.5	18.2	
1980	19.3	32.8	32.3	
1981	31.4	31.8	(5.0)	❻
1982	40.0	38.4	21.4	
1983	32.3	69.0	22.4	
1984	13.6	(2.7)	6.1	
1985	48.2	93.7	31.6	
1986	26.1	14.2	18.6	
1987	19.5	4.6	5.1	
1988	20.1	59.3	16.6	
1989	44.4	84.6	31.7	
1990	7.4	(23.1)	(3.1)	❼
1991	39.6	35.6	30.5	
1992	20.3	29.8	7.6	
1993	14.3	38.9	10.1	
1994	13.9	25.0	1.3	
1995	43.1	57.4	37.6	
1996	31.8	6.2	23.0	
1997	34.1	34.9	33.4	
1998	48.3	52.2	28.6	
1999	0.5	(19.9)	21.0	❽
2000	6.5	26.6	(9.1)	❾
2001	(6.2)	6.5	(11.9)	❿
2002	10.0	(3.8)	(22.1)	
2003	21.0	15.8	28.7	
2004	10.5	4.3	10.9	
2005	6.4	0.8	4.9	
2006	18.4	24.1	15.8	
2007	11.0	28.7	5.5	
2008	(9.6)	(31.8)	(37.0)	⓫
2009	19.8	2.7	26.5	
2010	13.0	21.4	15.1	
2011	4.6	(4.7)	2.1	
2012	14.4	16.8	16.0	
2013	18.2	32.7	32.4	
2014	8.3	27.0	13.7	
2015	6.4	(12.5)	1.4	
Compounded Annual Gain – 1965-2015	19.2%	20.8%	9.7%	
Overall Gain – 1964-2015	798,981%	1,598,284%	11,355%	

資料來源: http://www.berkshirehathaway.com/letters/2015ltr.pdf

動，個別股票想不漲都難，所以不管您投資的是好公司或爛公司，大家的報酬率都會不錯。

2. **小虧與大虧的差異**：這五十一年期間，出現許多次景氣大幅波動。當景氣下滑或蕭條時，好公司依然存在，爛公司卻從市場消失了。所以巴菲特才會不斷提醒投資大眾：「投資人要避開買熱門股、爛公司，也不要預測股市高低點」

筆者在圖表7-5，整理出十一個標準普爾500指數呈現負成長的年度，拿來跟波克夏公司當年度的 甲 淨值變化做比較。

我們可以從這十一個遇上重大景氣波動，導致標準普爾指數大跌的年份，看出該年度波克夏公司的淨值卻是大幅增長，或是僅有小幅下跌。每次景氣波動一來一往之間，平均差異高達25％以上。

在景氣下滑期間，還能夠持續增長或跌的比別人少，這才是股神巴菲特真正致富的秘訣。

圖表 7-5 景氣波動時，波克夏與標準普爾500指數的表現差異

年度	甲 波克夏公司 每股淨值變化（%）	丙 標準普爾500指數 股價變化（%）	二者差異 （%） 甲－丙
① 1996	20.3	（11.7）	32
② 1969	16.2	（8.4）	24.6
③ 1973	4.7	（14.8）	19.5
④ 1974	5.5	（26.4）	31.9
⑤ 1977	31.9	（7.4）	39.3
⑥ 1981	31.4	（5.0）	36.4
⑦ 1990	7.4	（3.1）	10.5
⑧ 2000	6.5	（9.1）	15.6
⑨ 2001	（6.2）	（11.9）	5.7
⑩ 2002	10.0	（22.1）	32.1
⑪ 2008	（9.6）	（37.0）	27.4

※丙欄目已將各公司股利分派計算在內。

●巴菲特金句的「中翻中」

退潮之後，才知道誰在裸泳。

 裸泳＝身無分文＝您投資的公司不見了＝不小心投資了爛公司＝血本無歸。

投資這一行有個好處，成功不需要靠很多很多次交易。

 甲＝很多次交易
乙＝不用很多次交易

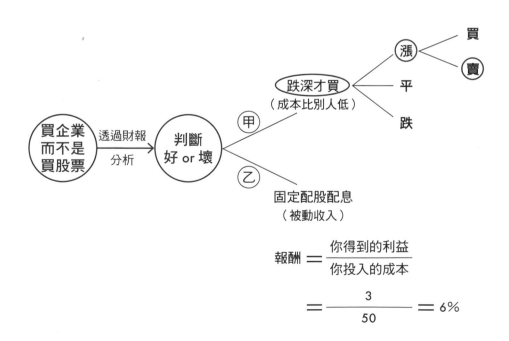

你得等到3壞球、0好球的時機才出手。

 等待大事發生，所有人都絕望時，帶著我們準備的現金，優雅入市即可。

投資的關鍵是推斷特定公司的競爭優勢，更重要的是能維持那項優勢多久？

 這是不是一門好生意？有沒有長期穩定的獲利能力？

真正的投資人歡迎價格波動，因為股市震盪劇烈，代表體質好的企業其股價時不時會遭到不理性殺低。

 要瞄準撿便宜的好時機，也就是說：能不能獲利，在您買股票的時候就決定了（因為你買的夠低），而不是賣的時候才決定。價格漲跌不是我們所能決定的，但忍住高價不買，等待大事發生再進場低價買入，卻是每個人都可以自主決定的。資本利得與被動收入，您會選擇哪一個？

我們波克夏只關注個別公司的價值，對於股市整體的價格並不太在乎。

 巴菲特不重視甲資本利得，他看重的是一家公司是否具有長期穩定的獲利能力，這才是創造公司真正價值的能力。

一家沒有負債且能提供12%報酬率的公司，絕對優
於報酬率相等但負債沉重的公司。

 看那根棒子的高低，就知道A公司絕對優於B公司。

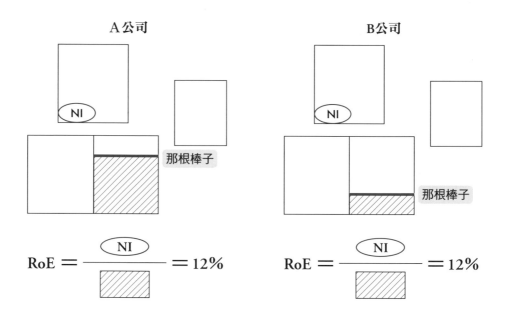

別人恐懼時，你要趕緊貪婪。

 1987年發生「黑色星期一事件」，股市崩盤重創可口可樂，但巴菲
特在1988、1989這兩年趁機大撿便宜。他這一出手就持續到1994
年，經過分割後，整整累積了四億股可口可樂公司的股票。

> **我們讀資料──就這樣。**
>
> 各位讀者，您投資隨便一出手就是幾十萬元，請問投資決策的第一步應該是什麼？請效法巴菲特，讀資料（財務報表）──就這樣。選出好公司，避開爛公司！

股市投資致富方程式

還記得財報分析的立體閱讀順序嗎？

(A) 現金流量＝比氣長（越長愈好）

(B) 經營能力＝翻桌率（越高越好）

(C) 獲利能力＝這是不是一門好生意？（越高越好）

(D) 財務結構＝那根棒子（棒子的位置越高越好）

(E) 償債能力＝你欠我的，能還嗎？（還越多越好）

這就是股市投資的致富方程式。希望透過本書，能讓大家瞭解如何透過財務報表，判斷一家公司的好或壞有深刻的認知，再加上您工作多年的實務經驗與常識判斷，筆者十分確定，您一定可以建立出屬於您自己的股市投資致富方程式。

附錄

財務報表卡使用説明

本書隨書附贈三項實用小工具：

● 上市櫃公司近三年財務報表卡（共32張）

● 空白財報表格卡（共4張）

● 空白透明卡（共6張）

為了讓讀者更加熟悉財務報表的解析技巧，我們特別從台灣的公開資訊觀測站中，隨機選出32家公司的財報，供大家在每個章節後進行練習。此外，也額外附上4張空白表格供讀者自由運用，您可以選擇任何一家有興趣的公司，將其財務報表相關資料填入表格空白處，再配合本書每一章節財報解析口訣與閱讀順序，即可進行相關的分析與運用。

財務報表資料的取得，您可以透過下列方式：

台灣股市公開資訊觀測站：

http://mops.twse.com.tw/mops/web/t05st22_q1#

●空白透明卡使用方式

　　除了直接閱讀財務報表卡以外，您還可以將本書每一章節的重點指

標與閱讀順序，自行選用較細的油性筆將重點畫於空白透明卡上。

STEP 1 分別拿出一張財務報表卡與空白透明卡。

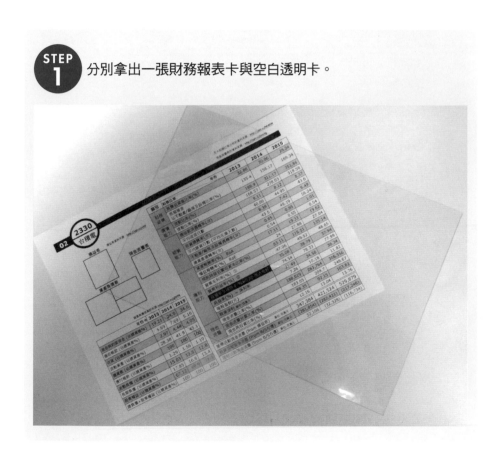

STEP 2 將兩張卡片完整重疊。

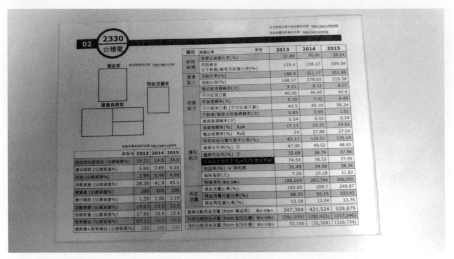

STEP 3 在透明卡左上角，畫上一個與底圖一樣大的圓圈，作為基準點，標記為Ⓐ，並寫上該指標之中翻中白話文：現金流量＝比氣長，越長越好。

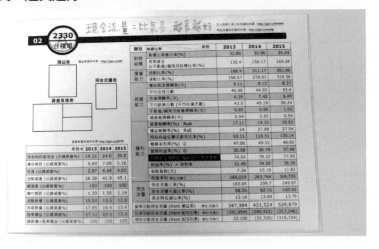

STEP **4**　在透明卡的對應位置，寫下五大財務比率分析之重點口訣與閱讀順序。建議一張透明卡寫一個大重點（Ⓐ、Ⓑ、Ⓒ、Ⓓ、Ⓔ）即可。

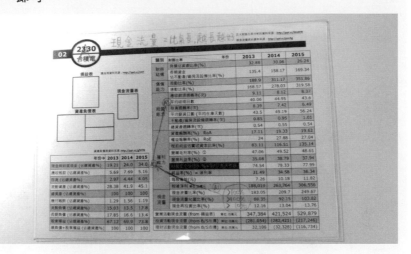

STEP **5**　重複上述方法後，就能自製出專屬您個人的五大財務比率分析的速讀卡。

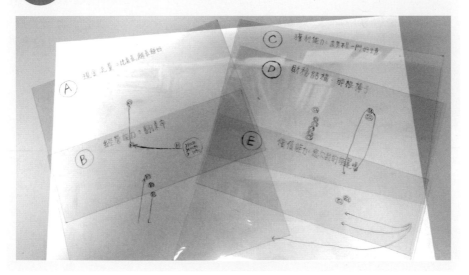

透明卡成品範例

Ⓐ 現金流量：比氣長

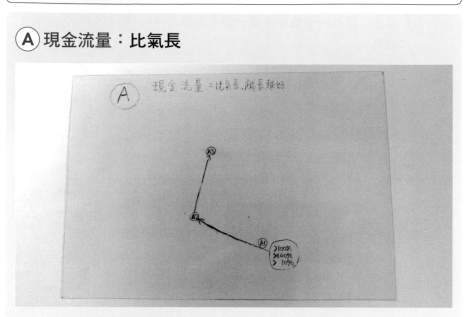

Ⓑ 經營能力：翻桌率

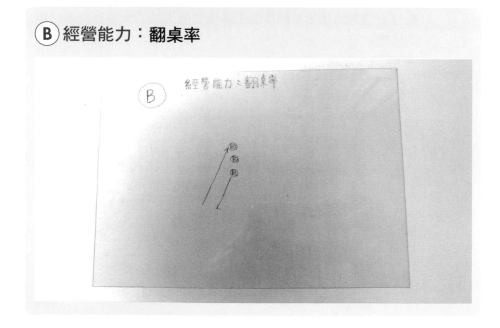

C 獲利能力：這是不是好生意

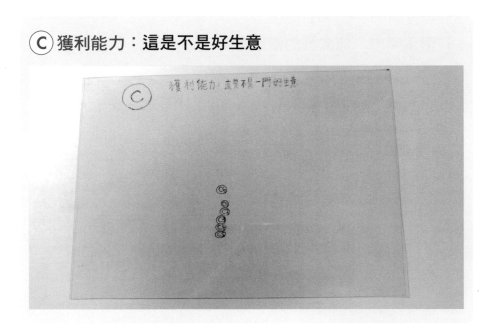

D 財務結構：那根棒子

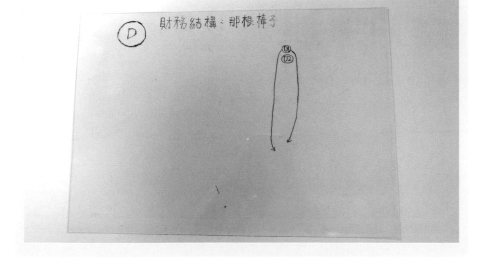

Ⓔ 償債能力：您欠我的能還嗎？

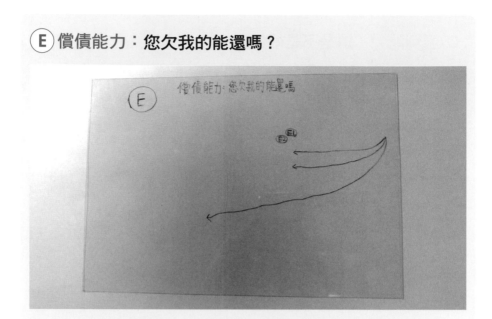

國家圖書館出版品預行編目資料

不懂財報，也能輕鬆選出賺錢績優股：五大關鍵數字力/ 林明樟著. --
初版. -- 臺北市：商周出版：家庭傳媒城邦分公司發行, 2016.12
　　面；　公分. -- (新商業周刊叢書；BW0621)
　ISBN 978-986-477-158-5(平裝)

1.財務報表 2.股票投資
　495.47　　　　　　　　　　　　　　　　　　　　　105022467

新商業周刊叢書BW0621

不懂財報，也能輕鬆選出賺錢績優股：
五大關鍵數字力

作　　　者／林明樟（MJ老師）
圖表資料整理／林欣儀
外掛程式設計／葉桂林
責　任　編　輯／李皓歆
企　劃　選　書／陳美靜
版　　　權／黃淑敏
行　銷　業　務／周佑潔、石一志

總　　編　　輯／陳美靜
總　　經　　理／彭之琬
發　　行　　人／何飛鵬
法　律　顧　問／台英國際商務法律事務所　羅明通律師
出　　　版／商周出版
　　　　　　　台北市南港區昆陽街16號4樓
　　　　　　　電話：(02) 2500-7008　傳真：(02) 2500-7579
　　　　　　　E-mail: bwp.service@cite.com.tw
發　　　行／英屬蓋曼群島商家庭傳媒股份有限公司　城邦分公司
　　　　　　　台北市南港區昆陽街16號5樓
　　　　　　　讀者服務專線：0800-020-299　24小時傳真服務：(02) 2517-0999
　　　　　　　讀者服務信箱E-mail: cs@cite.com.tw
　　　　　　　劃撥帳號：19833503　戶名：英屬蓋曼群島商家庭傳媒股份有限公司城邦分公司
訂　購　服　務／書虫股份有限公司客服專線：(02) 2500-7718；2500-7719
　　　　　　　服務時間：週一至週五上午09:30-12:00；下午13:30-17:00
　　　　　　　24小時傳真專線：(02) 2500-1990；2500-1991
　　　　　　　劃撥帳號：19863813　戶名：書虫股份有限公司
香港發行所／城邦（香港）出版集團有限公司
　　　　　　　香港九龍土瓜灣土瓜灣道86號順聯工業大廈6樓A室
　　　　　　　E-mail: hkcite@biznetvigator.com
　　　　　　　電話：(852) 25086231　傳真：(852) 25789337
　　　　　　　E-mail：hkcite@biznetvigator.com
馬新發行所／Cite (M) Sdn. Bhd.
　　　　　　　41, Jalan Radin Anum, Bandar Baru Sri Petaling, 57000 Kuala Lumpur, Malaysia.
　　　　　　　電話：(603) 9057-8822　傳真：(603) 9057-6622　E-mail: cite@cite.com.my

美　術　編　輯／簡至成
封　面　設　計／黃聖文
製　版　印　刷／韋懋實業有限公司
經　　銷　　商／聯合發行股份有限公司　電話：(02) 2917-8022　傳真：(02) 2911-0053
　　　　　　　地址：新北市231新店區寶橋路235巷6弄6號2樓

■2016年12月27日初版1刷　　Printed in Taiwan
■2024年3月 7 日初版16.8刷

ISBN　978-986-477-158-5
定價420元

城邦讀書花園
www.cite.com.tw

廣　告　回　函
北區郵政管理登記證
台北廣字第000791號
郵資已付，免貼郵票

115 台北市南港區昆陽街16號5樓

英屬蓋曼群島商家庭傳媒股份有限公司

城邦分公司

請沿虛線對摺，謝謝！

書號：BW0621	書名：	不懂財報，也能輕鬆選出賺錢績優股： 五大關鍵數字力	編碼：

 商周出版

讀者回函卡

線上版讀者回函卡

感謝您購買我們出版的書籍！請費心填寫此回函卡，我們將不定期寄上城邦集團最新的出版訊息。

姓名：＿＿＿＿＿＿＿＿＿＿＿＿＿＿＿＿＿＿＿＿　性別：□男　□女

生日：西元＿＿＿＿＿＿年＿＿＿＿＿＿月＿＿＿＿＿＿日

地址：＿＿＿＿＿＿＿＿＿＿＿＿＿＿＿＿＿＿＿＿＿＿＿＿＿

聯絡電話：＿＿＿＿＿＿＿＿＿＿＿　傳真：＿＿＿＿＿＿＿＿＿＿

E-mail ：

學歷：□ 1. 小學 □ 2. 國中 □ 3. 高中 □ 4. 大學 □ 5. 研究所以上

職業：□ 1. 學生 □ 2. 軍公教 □ 3. 服務 □ 4. 金融 □ 5. 製造 □ 6. 資訊

　　　□ 7. 傳播 □ 8. 自由業 □ 9. 農漁牧 □ 10. 家管 □ 11. 退休

　　　□ 12. 其他＿＿＿＿＿＿＿＿＿＿＿＿＿＿＿＿＿＿＿＿＿＿

您從何種方式得知本書消息？

　　　□ 1. 書店 □ 2. 網路 □ 3. 報紙 □ 4. 雜誌 □ 5. 廣播 □ 6. 電視

　　　□ 7. 親友推薦 □ 8. 其他＿＿＿＿＿＿＿＿＿＿＿＿＿＿＿

您通常以何種方式購書？

　　　□ 1. 書店 □ 2. 網路 □ 3. 傳真訂購 □ 4. 郵局劃撥 □ 5. 其他＿＿＿

您喜歡閱讀那些類別的書籍？

　　　□ 1. 財經商業 □ 2. 自然科學 □ 3. 歷史 □ 4. 法律 □ 5. 文學

　　　□ 6. 休閒旅遊 □ 7. 小說 □ 8. 人物傳記 □ 9. 生活、勵志 □ 10. 其他

對我們的建議：＿＿＿＿＿＿＿＿＿＿＿＿＿＿＿＿＿＿＿＿＿＿

　　　＿＿＿＿＿＿＿＿＿＿＿＿＿＿＿＿＿＿＿＿＿＿＿＿＿＿＿＿

　　　＿＿＿＿＿＿＿＿＿＿＿＿＿＿＿＿＿＿＿＿＿＿＿＿＿＿＿＿